Découvrez l'histoire par les archives de presse

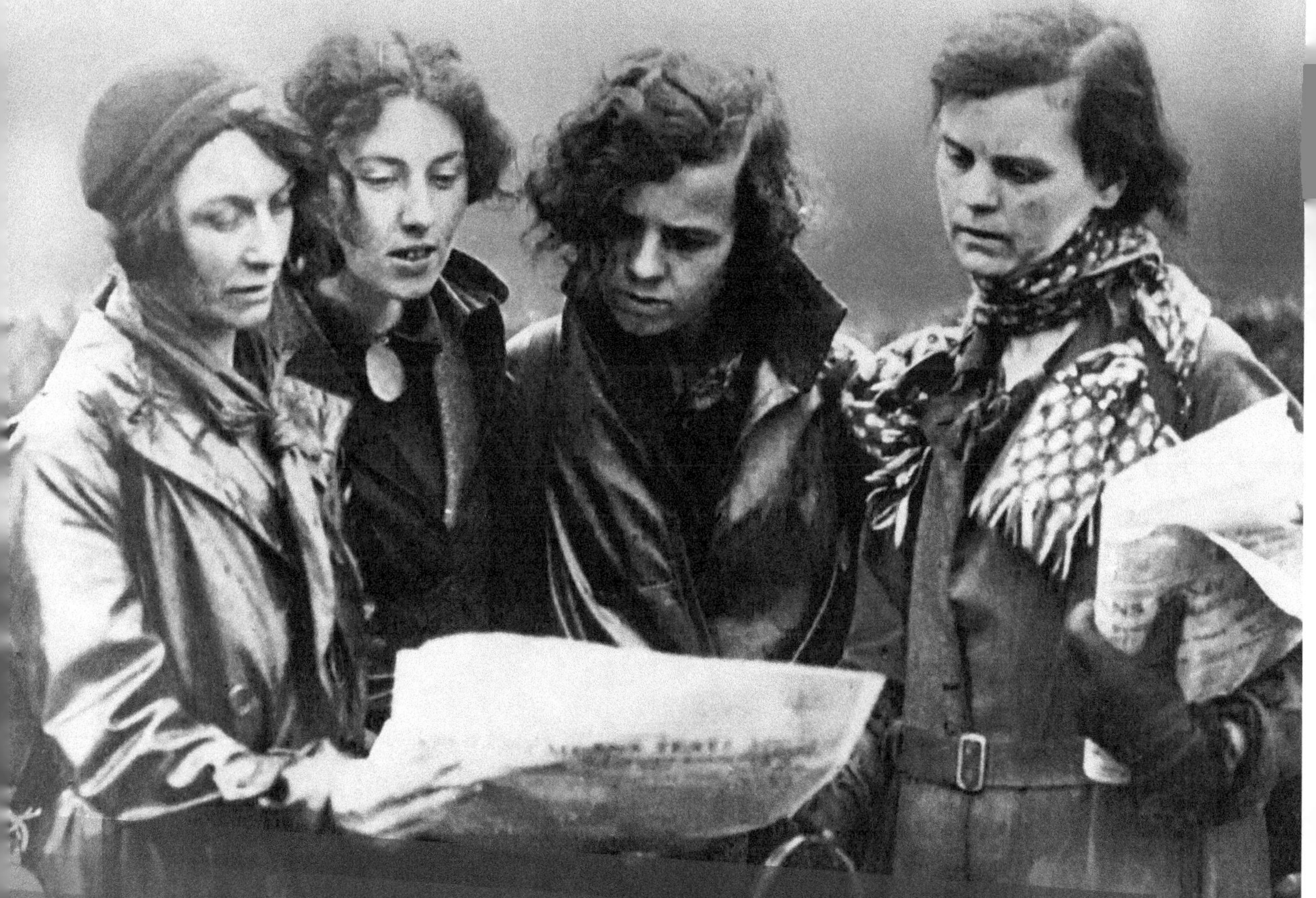

RETRONEWS
Le site de presse de la BnF
www.retronews.fr

Société des Sciences, Lettres & Arts de Bayonne

BVLLETIN TRIMESTRIEL

NVMÉROS 1 & 2

:: ANNÉE M.CM.XIX ::

BAYONNE

IMPRIMERIE A. FOLTZER

9, RVE JACQVES-LAFFITTE

M.CM.XIX

Le blocus de Bayonne en 1814

(Suite et fin)

La Sortie du 14 Avril. — L'Armistice.

Ordre du jour du Général Thouvenot. — Armistice du 17 Avril. — Convention pour la levée du blocus du 27 Avril. — Le drapeau blanc. — Prise d'armes générale. — Licenciement des gardes nationaux. — Retour a l'état de paix. —

Le lendemain 15 Avril, un Ordre du jour du Général Thouvenot exprimait aux troupes sa satisfaction pour la valeur et l'héroïsme dont elles avaient fait preuve dans la sortie du 14.

Ordre du jour

Bayonne 15 Avril 1814.

« C'est au nom de l'Empereur que je m'empresse d'ex-
« primer aux troupes de la garnison ma satisfaction de
« la valeur qu'elles ont déployée dans l'action d'hier dont
« les splendides résultats vont augmenter le nombre des
« brillants faits d'armes, qui dans tous les temps, ont
« illustré l'armée française. L'ennemi, attaqué simulta-
« nément, à trois heures, sur toute la ligne d'investisse-
« ment, a été repoussé et battu partout ».

« Cette sortie générale avait pour but d'obliger l'ennemi

« à montrer sa force dans les différentes positions, de « reconnaître ses travaux, de détruire les plus rapprochés « du camp retranché de la Citadelle, de porter nos avant-« postes à l'intersection des routes de Bordeaux et de « Toulouse, bref à faire le plus de mal possible à l'armée « assiégeante. Ces avantages ont été complètementobtenus.

« Le Lieutenant Général baron Abbé a dirigé avec « succès les fausses attaques, en avant du camp retranché « placé sous son commandement. Les généraux baron « Beuret, Delorme et le lieutenant-colonel Gougeon, « major-général des brigades de la division Abbé, ont « emporté les positions principales de l'ennemi, qui a « souffert des pertes considérables en tués, blessés et « prisonniers. (1). Les dispositions du général Abbé ont « été conçues et exécutées avec son talent et sa vigueur « caractéristiques.

« Le général Maucomble, chargé de l'attaque principale « a su inspirer à ses troupes une ardeur à laquelle l'ennemi « n'a pu résister; les positions ont été emportéesd'un élan « à la pointe de la baïonette, avec une unité et une bra-« voure qui font honneur aux officiers et soldats compo-« sant les trois colonnes d'attaque.

« L'ennemi avait été mis sur ses gardes par le bruit néces-« sairement fait pour détruire les estacades qui devaient « livrer passage aux troupes, et par un déserteur passé « à ses rangs une heure avant l'attaque. Il était partout « sous les armes; ses retranchements garnis de troupes. « Son premier feu a été très vif, mais dirigé trop haut; « il a fait peu de mal et n'a servi qu'à augmenter l'ardeur « de nos soldats.

« La colonne de droite, commandée par M. Lassalle, « lieutenant-colonel du 95e était composée du 2e bataillon du « 64e et du 1er bataillon du 95e. Elle est partie au pas de « course, a renversé les nombreux obstacles qui se trou-

(1) Les prisonniers anglais furent au nombre de 273.

« vaient sur sa route, s'est emparée de l'église St-Etienne, « et a pris un canon que malheureusement les tranchées « qui coupaient la chaussée et d'autres difficultés l'ont « forcé d'abandonner.

« Le centre, commandé par le lieutenant-colonel Reynet « du 94e, (1) était composé du premier bataillon du 5e Léger « et des premier et deuxième bataillons du 94e. Il s'est « avancé par la route de Saint-Esprit et les approches « de la citadelle, a détruit tous les travaux qui obs- « truaient ces chemins et s'est emparé à la pointe de la « baïonnette de l'embranchement des routes et des nom- « breuses maisons, dans lesquelles l'ennemi s'était retran- « ché.

« La colonne de gauche, sous le commandement du « commandant Vivien du 82e, était composée du 1er « bataillon du 26e, du 1er bataillon du 70e, et du 1er « bataillon du 82e. Cette colonne, après avoir débouché « de la route de Basterrèche, a franchi d'un élan le ravin « qui la séparait de l'ennemi et s'est emparée de la maison « et des hauteurs qui la relient à la maison Montaigu.

« Ces hauteurs étaient couvertes d'une ligne ininter- « rompue de retranchements qui ont été enlevés au pas de « course à la baïonnette. Une fusillade à bout portant « s'est engagée dans les tranchées avec l'ennemi, qui a « été contraint de les abandonner, en laissant le terrain « couvert de morts et de blessés.

« Les colonnes de droite et de gauche se sont maintenues « sur les positions conquises, conformément aux ordres « qu'elles avaient reçus. La colonne du centre s'est avancée « le long de la route de Bordeaux, franchissant les fossés « et les travaux protégés par des estacades et poursuivant « l'ennemi qui s'est enfui en désordre, abandonnant ses « dernières lignes.

---

(1) Depuis le 15 août 1813 le colonel du 94e faisait fonctions de général de brigade. Le commandant Reynet, commandait le régiment ; le capitaine Béchelet, le 1er bataillon et le capitaine Caillot, le 2e bataillon.

« Le lieutenant général baron Garbé, commandant en « chef du génie, a fait avancer en ce moment la 9e compa- « gnie de sapeurs et la 1re compagnie des pionniers de « Bayonne sous le commandement du capitaine Jarry, du « Génie. Ces compagnies, arrivées à l'embranchement des « routes, se sont mises à l'œuvre sous les ordres du géné- « ral Maucomble, pour brûler les maisons qui avaient « servi d'abri et de défense à l'ennemi, combler les tran- « chées et détruire la route et les estacades.

« Ces opérations ont été effectuées avec courage et le « plus grande activité, sous un feu très vif de l'ennemi, « qui gênait beaucoup les sapeurs dans leur travail. Le « Général Maucomble a fait avancer pour les soutenir la « compagnie de grenadiers du 26e et la 2e compagnie du « du 94e sous le commandement du capitaine Lesmont.

« J'ai donné l'ordre en même temps au capitaine « Romagné, par l'entremise du général Berge, commandant « l'artillerie, d'avancer jusqu'à l'embranchement des « routes avec quatre pièces de campagne (1). Ce brave « officier s'est porté au point indiqué et s'y est maintenu. « bien qu'il n'ait pu mettre en action qu'une seule pièce, « par suite de la position de nos propres troupes. Ces « dispositions en tenant l'ennemi en échec, ont permis « aux sapeurs et aux pionniers de continuer leur travail « sans être interrompus davantage.

« Les Anglais commençaient à fléchir dans leurs derniers « retranchements, quand un corps de troupes fraîches, « venant de la direction de Hayet, par la route de Tou- « louse, s'est avancé sur notre flanc droit, au moment « où la brigade de réserve du Boucau attaquait notre « flanc gauche. Ces renforts renouvelèrent et multiplièrent

---

(1) Il doit y avoir là une confusion de la part du général Thouvenot ; ce ne sont pas 4 pièces de campagne qui furent mises en batterie, mais deux pièces de 4 de campagne. En eff t nous trouvons dans le rapport de la citadelle, à la date du 4 février la mention suivadte : « 2 affûts de 4 de campagne sont entrés à la citadelle destinés aux sorties dans le besoin ».

« le feu de l'ennemi. Le 1er bataillon du 95e n'en « résista pas moins bravement au choc des troupes, « qui s'avançaient par la route de Toulouse et la gauche « garda ses positions contre les renforts venant du Boucau:

« L'objet de la sortie était alors complètement atteint. « J'envoyai par un de mes aides de camp l'ordre de battre « en retraite et le général Maucomble fit rentrer ses hommes « et son artillerie dans la Citadelle, ramassant les morts, « les blessés et les prisonniers. Le feu a cessé partout en- « tre 7 et 8 heures du matin. Nous avons repris nos positions « sur la droite et sur la gauche, et les postes avancés « du centre ont été poussés jusqu'à l'embranchement « des routes où ils se trouvent encore.

« Le premier bataillon du 64e, la compagnie des grena- « diers du 95e, et les deux bataillons du 49e, qui occupaient « les ouvrages du camp retranché ont admirablement « secondé les colonnes d'attaque, et envoyé continuelle- « ment des détachements pour ramasser les blessés et les « ramener à la Citadelle. L'artillerie, établie avec une « grande habileté et un grand jugement par le général « Berge, a appuyé avec succès toutes les manœuvres de « la sortie générale.

« Les canonnières commandées par le commandant « Depoge, embossées de façon à harceler les flancs droit « et gauche de l'ennmi, ont contribué largement aux « brillants résultats de la sortie. Les conscrits de l'infan- « terie et de l'artillerie qui voyaient le feu pour la première « fois, ont rivalisé de bravoure et d'ardeur avec les vieux « soldats.

« Toutes les troupes, officiers et soldats, ont fait leur « devoir dans cette sortie mémorable. Nous avons malheu- « rensement à regretter la mort de beaucoup de braves, « et nos pertes, en tués blessés et prisonniers s'élèvent au « chiffre de 910 hommes dont :

Officiers tués....................	7	110
Sous-officiers et soldats tués......	103	
Officiers blessés..................	49	790 (1)
Sous-officiers et soldats blessés...	741	
Officiers prisonniers..............	2	10
Sous-officiers et soldats prisonniers.	8	
Total...............		910

« Parmi les officiers tués se trouve le lieutenant-colonel « du 95e, officier d'un mérite supérieur, universellement « estimé de ses chefs, aimé de ses collègues et respecté de « ses subordonnés. Près de la moitié de nos blessés le sont « légèrement et la plus grande partie d'entre eux retour-« nera bientôt dans les rangs.

« La colonne de gauche a eu l'honneur et la gloire de « faire prisonnier le général Hope, commandant des forces « assiégeantes, et deux officiers de son Etat-Major, tous « les trois blessés. Ils se sont rendus à M. Pigeon, adjudant « sergent-major au 70e, au sergent Beregeot et au volti-« geur Bonencie du 82e. J'ai nommé M. Pigeon sous-lieu-« tenant sur le champ de bataille. Le major général Hay « officier général de jour, a été tué. Un autre officier « général, dont nous n'avons pas pu savoir le nom, « est blessé, ainsi que plusieurs officiers de marque.

« Parmi les braves de la garnison qui se sont particu-« lièrement distingués, je citerai :

« 5e *Régiment d'infanterie légère* : — Rey, chef de batail-« lon; Peyrenne, lieutenant,; Lemaire sous-lieutenant; « Lambert, adjudant; Hubrick, Maujin, Craverot, sergents; « Lambert carabinier; Chaumette tambour.

« 26e *Régiment d'infanterie de ligne.* — Ferran de San-« dricourt, chef de bataillon; Dansert, capitaine de « voltigeurs; Decombeix, adjudant-major; Benincourt,

(1) La plupart des blessés reprirent leur service deux ou trois jours après.

« sergent; Henry, sous-lieutenant; Chagriot, sergent-
« major; Benincourt, sergent; Lely, caporal; Caillé, vol-
« tigeur; Reveillon, grenadier; Romillo, fusilier.

« 27e *de ligne* — Maurice, capitaine; Martin, caporal.

« 64e *de ligne*. — Macé, chef de bataillon; Chabas, capi-
« taine; Potier, lieutenant; Bouvier, sous-lieutenant;
« Ferrant, sergent; Henry, Bousson, voltigeurs.

« 66e *de ligne* — Haner, chef de bataillon, chef d'Etat-
« Major du général Maucomble; Pernelle, adjudant-major
« faisant fonctions d'aide de camp; Sempé, capitaine des
« voltigeurs.

« 70e *de ligne* — Noel, chef de bataillon; Cognet capi-
« taine; Dalcourt, capitaine; Delport, lientenant; Colombé,
« sous-lieutenant; Pigeon, adjudant; Gauthier, Lamarre,
« sergents-majors; Mimier, sergent.

« 82e *de ligne*. — Vivien, chef de bataillon; Loix, capi-
« taine; Nicaise, lieutenant; Culpin, sous-lieutenant;
« Catherine, Bemiste, Bergeot, sergents; Chabas, grena-
« diers; Blondet, Bonencie, voltigeurs.

« 94e *de ligne*. — Reynet, chef de bataillon; Coudèze,
« Laynot, Fromentel, Chapar, Nicole, capitaines; Juliot,
« adjudant-major; Gabaldo, Suzeau, Durand, sous-lieute-
« nants; Vergnes, sergent; Peyre, caporal.

« 95e *de ligne*.— Lassalle, chef de bataillon; Dumas,
« Fromento, sous-lientenants; Bouchon, adjudant;
« Charpentier, Falcot, sergents; Crouzot, voltigeur.

« 119e *de ligne*. — Magendie, chef de bataillon; Godefroy,
« capitaine; Brézil, lientenant; Ronsin, sous-lieutenant;
« Soula, voltigeur.

« *Artillerie*. — Lespagnol, chef de bataillon; Romagnié,
« capitaine; Jasse, sergent.

« *Génie*. — Jarry, Marconnier, Pichal, capitaines.

« M. l'Adjudant-Commandant Régnier, chef d'Etat-
« Major du général Thouvenot, le capitaine Pemasilico,
« et le lientenant Verdière, aides de camp, ont continuel-

« lement parcouru la ligne d'opérations pour porter les « ordres du gouverneur.

« Cet ordre du jour sera envoyé à S. E. le Ministre de la « Guerre, ainsi qu'au Maréchal duc de Dalmatie, avec le « vœu qu'il soit soumis à l'Empereur pour prier S. M. « d'accorder les récompenses si bien méritées par les braves « qui se sont particulièrement distingués dans cette sortie « générale.

« Le Général de division »

« Commandant en chef »

BARON THOUVENOT.

Le 17 avril un armistice fut conclu et à dater du 18, tous les travaux de terre sont suspendus dans la place, la Citadelle, et le camp retranché. Les corps n'ont plus de travailleurs à fournir au Génie. Tout le temps de l'armistice est consacrée à instruire les soldats, à les habiller et les équiper. Tous les ouvriers du Génie (et le bois dont on peut disposer) sont employés à continuer et terminer au plus tôt les baraques de l'hôpital sédentaire établi aux Cordeliers, et à construire celles de l'hôpital temporaire établi aux Jacobins. Ces baraques devaient contenir cent lits.

Le Commissaire, chef maritime, avait reçu l'ordre de renvoyer dans leurs corps respectifs les soldats d'infanterie fournis comme auxiliaires à la marine. Il devait faire suspendre l'évacuation de l'arsenal et prendre des mesures nécessaires pour qu'au premier ordre, cet important établissement fût rétabli dans l'état où il se trouvait avant l'évacuation.

Toute détérioration, toute destruction de propriétés nécessitées pour la construction des ouvrages défensifs, ou pour éclairer les fronts, devaient cesser immédiatement dans la Citadelle et le camp retranché, et des ordres sévères sont donnés pour que les propriétés soient respectées et les cultivateurs protégés du pillage et de la maraude.

La ligne des avant-postes de l'ennemi ne devait pas être inquiétée; mais s'il avançait ses vedettes, ou s'il faisait quelque démonstration offensive, ordre était donné de prendre les mesures pour s'y opposer. Enfin on devait tirer sur tous les travailleurs que l'ennemi pourrait employer à faire des nouveaux ouvrages. Mais ce cas excepté, le feu devait être suspendu sur toute la ligne des avant-postes et ceux-ci devaient empêcher toute communication avec l'ennemi, sauf celle qui aurait lieu par voie parlementaire.

Le 19 avril, un ordre du duc de Dalmatie, rendu dans son quartier général de Castelnaudary, portait à la connaissance des troupes l'abdication de l'Empereur et le rétablissement du trône de Louis XVIII.

Le 27, une suspension d'armes et une convention pour la levée du blocus furent signées à St-Etienne, dans la maison Latrilhe, entre le lieutenant-colonel Burgoyne, du Génie anglais, et le lieutenant-colonel Gougeon, chef d'Etat-Major de la division Abbé, les conventions furent approuvées par le général Baron Thouvenot et le général anglais Colville.

Le 28, le Gouverneur fait arborer le drapeau blanc à la Citadelle. Cette cérémonie donna lieu à une prise d'armes générale. Tous les régiments furent réunis à midi sur le terrain ordinaire de leurs exercices et passés en revue par leur chef de corps. A l'issue de la revue, le drapeau blanc était hissé, en remplacement des trois couleurs, devant les troupes assemblées. Elles défilèrent ensuite pendant que l'artillerie de la Citadelle exécutait des salves. En signe de réjouissance, les soldats reçurent le matin à 8 heures, double ration de vin, et le soir à trois heures, double ration de viande.

Le 4 mai, les gardes nationales urbaines de St-Esprit et Bayonne étaient relevées de leur service, et les armes et munitions de guerre qu'elles avaient reçues, étaient versées à l'arsenal d'artillerie. Les pompiers de Bayonne et de St-Esprit cessaient le service extraordinaire dont ils avaient été chargés et n'étaient plus soumis qu'à leur service ordinaire pour la conservation de leurs pompes et de leurs agrès. A partir de ce même jour, les rations de vivres ne sont plus délivrées aux pompiers, aux administrateurs, employés ou particuliers, auxquels il en avait été accordé pendant le blocus, pour leur donner ou leur faciliter les moyens de vivre.

« En congédiant la garde nationale de Bayonne et de » St-Esprit, disait le général Thouvenot dans son ordre » du jour du 8 mai, je me fais un devoir de la remercier des » services qu'elle a rendus, tant pour la garde des portes » qui leur était confiée, que pour le maintien de la tran» quillité publique. Je témoigne particulièrement ma sa» tisfaction à M. le colonel Milhet, commandant la garde » nationale urbaine de Bayonne, pour la discipline qu'il a éta» blie dans cette garde, pour le bon esprit qu'il y a mainte» nu, en ne s'écartant jamais de ce qu'exigeait la dignité » nationale. Les articles du présent ordre qui concernent la » Garde nationale de Bayonne seront lus par le colonel à cet» te garde assemblée sous les armes ».

Le 6 mai, la suspension d'armes avec les Alliés étant indéfinie et le blocus de Bayonne levé tant par terre que par mer, des ordres furent donnés pour rétablir partout le bon état du sol. Les coupures des routes et chemins, les barricades des rues de St-Esprit devaient être immédiatement détruites et les abattis enlevés. On devait laisser intacts les ponts et les barrières qui font partie intégrante des ouvrages de Beyris, du Camp retranché, du front d'Espagne et de Mousserolles. Toutes les inondations, devaient être détendues, mais en conservant les digues et les inondations du camp retranché sur le front d'Espagne. La communication par la digue, qui coupait l'inondation inférieure, en face de la maison Dubrocq, était rétablie (1).

La place d'Armes de la Citadelle et les rues de St-Esprit,

---

(1) Cette digue forme le chemin actuel des *Pontots*.

qui avaient été dépavées, devaient être rétablies dans le plus court délai possible. Les ingénieurs des Ponts et Chaussées étaient invités à reprendre de suite leur service ordinaire, à remettre en état de viabilité les routes et à les entretenir, à faire consolider les endroits de ces routes qui avaient été coupés et à prendre toutes les mesures nécessaires pour réparer les dégâts occasionnés par les travaux de défense.

Enfin les batteries des Allées-Marines sont immédiatement désarmées et le terrain remis dans son état primitif.

Les munitions de guerre et les projectiles qui étaient dans le camp retranché et les ouvrages extérieurs de la Citadelle sont immédiatement versés dans les magasins et à l'Arsenal. On ne devait laisser que cinq coups par pièce.

Le service du camp retranché et des ouvrages extérieurs se bornait dès lors à la conservation de ces ouvrages et des consignes très-sévères étaient données à tous les postes pour empêcher l'enlèvement des palissades.

Après cinquante-quatre jours d'investissement, Bayonne reprenait son aspect habituel. Le blocus était levé !

Ch. JUNCAR.

La Médaille de la Garde Nationale de Bayonne

M. H. Salane a adressé la lettre suivante au Vice-Président de la Société :

Bayonne, le 24 avril 1919

Monsieur le Vice-Président,

Le Bulletin de la Société (année 1911, pages 118 et 119) contient un article intitulé : « La décoration du blocus de Bayonne de 1814 ».

Son auteur, notre regretté collègue et ami Charles Juncar, après y avoir émis son opinion, demandait des renseignements *sur cet intéressant sujet d'histoire locale.*

En séance du 22 Janvier 1913, j'avais le plaisr de faire passer sous les yeux des Membres présents une médaille et une fleur de lis appartenant à Monsieur Gilbert, de la Chambre de Commerce de Bayonne.

Aujourd'hui, grâce à l'extrême obligeance de notre très aimable Sociétaire, Monsieur Charles Lagrolet, qui, à la suite d'un court entretien, a bien voulu me confier un spécimen de la susdite décoration fort bien conservé, et à l'appui, un précieux document, je m'empresse de vous adresser une copie de ce dernier. J'espère que la lecture de cette pièce réjouira tous ceux qui s'intéressent à notre petite patrie.

Elle est tellement précise que tout commentaire paraîtrait superflu ; elle ne laisse place à aucune discussion. Voilà donc un point acquis.

J'apprendrai avec joie la découverte d'un document aussi probant et authentique pour les armoiries de Bayonne.

Je vous serais reconnaissant de vouloir bien insérer les présentes lettre et copie dans le prochain Bulletin, si toute fois vous les jugez assez intéressantes.

L'original a été imprimé chez Duhart-Fauvet, imprimeur du Roi à Bayonne.

Daignez agréer, Monsieur le Vice-Président, l'expression de mes sentiments respectueux.

H. SALANE. Trésorier.

Jeudi 19 Septembre 1816. (N° 350).

AFFICHES
ANNONCES ET AVIS DIVERS DE BAYONNE

Département des Basses-Pyrénées.

Pau, le 12 Septembre 1816

Le Préfet des Basses-Pyrénées, maître des requêtes, à MM. les Sous-Préfets et à MM. les Maires du département.

Messieurs, S. Exc. le ministre de l'intérieur vient de me transmettre une ampliation de l'ordonnance rendue par S. M. le 28 août dernier, et par laquelle elle daigne accorder la décoration du Lys avec un liseré marron aux gardes nationales de ce département. Vous trouverez à la suite de cette circulaire la teneur de cette ordonnance.

Empressez-vous, Messieurs, de faire connaître à vos administrés cette nouvelle preuve de la bienveillance particulière que notre auguste Monarque accorde aux braves descendans des compagnons d'Henri IV. Combien ne seront-ils pas touchés des expressions de bonté dont S. M. a daigné se servir ! Avec quelle fierté ne recevront-ils pas les honorables témoignages de la satisfaction du meilleur des Rois ! Ils y trouveront la plus douce récompense de leur bravoure, de leur dévoûment et de leur zèle infatigable ; elle deviendra pour eux un nouveau motif de reconnaissance et d'amour, et un encouragement à persévérer dans les nobles sentimens qui les ont toujours distingués.

Recevez, Messieurs, l'assurance de ma considération distinguée.

d'ARGOUT.

Ordonnance du Roi.

Louis, par la grâce de Dieu, Roi de France et de Navarre, à tous ceux qui ces présentes verront, salut :

Nous nous sommes fait représenter les titres que les

gardes nationales des Basses-Pyrénées ont acquis à notre bienveillance. Dignes fils des braves compratriotes du bon Henri, les fidèles Béarnais ont hérité de leurs pères ces sentiments généreux et ces vertus guerrières, qui firent triompher notre aïeul dans les plaines d'Arques et d'Ivry. Les orages de la révolution, les séductions et les menaces de la tyrannie, le retour de l'usurpateur et les malheurs qui l'ont suivi, loin d'éteindre et d'affaiblir leur dévoûment, ont été pour eux autant d'époques de gloire. Dernièrement encore, nous avons vu avec quelle noble audace, sans calculer les moyens de résistance, ils ont couru défendre le sol de la patrie, qu'une invasion étrangère paraissait menacer;

A ces causes,

Sur la proposition de notre bien aimé frère Monsieur, colonel général des gardes nationales, de concert avec notre ministre Secrétaire d'état de l'intérieur;

Notre conseil d'état entendu,

Nous avons ordonné et ordonnons ce qui suit :

Art. 1er.— Lorsque nous ou les princes de notre famille, nous séjournerons dans le département des Basses-Pyrénées, les gardes nationales nous fourniront une garde d'honneur, qui fera près de nous le service, conjointement avec notre maison militaire, conformément au mode établi pour la garde nationale de Paris.

2. — Les gardes nationales du département des Basses-Pyrénées porteront la décoration du Lys, suspendue à un ruban blanc moiré, de la largeur de trois centimètres et demi, coupé sur chaque bord d'un liseré marron, large de dix millimètres, et situé à un millimètre de bord; le tout conforme au modèle annexé à la présente ordonnance.

Le brevet constatant le droit de porter cette marque distinctive sera délivré aux officiers, sous-officiers et gardes nationaux, suivant le mode déterminé par notre bien-aimé frère, de concert avec notre ministre secrétaire d'état de l'intérieur.

3. — Nous accorderons la décoration de la légion d'honneur ou un grade supérieur dans la légion, aux officiers sous-officiers et gardes nationaux qui l'ont le plus mérité par les longs et importants services, lorsque notre bien-aimé frère Monsieur, de concert avec notre ministre secrétaire d'état de l'intérieur, jugera convenable de nous en faire la proposition.

4. — Nous voulons que les gardes nationales du département des Basses-Pyrénées, ayent des drapeaux blancs aux armes de France, distingués aux quatre angles par les couleurs locales.

Nous réservons à notre bien-aimée fille Madame, duchesse d'Angoulême, d'en donner les cravates et de les y attacher de ses mains ou par celles de la dame qu'elle aura choisie à cet effet.

5. — Notre bien-aimé frère Monsieur, colonel général, et notre ministre secrétaire d'état de l'intérieur, sont chargés de l'exécution de la présente ordonnance

Donné en notre chateau des Tuileries, le 28 Aout l'an de grâce mil huit cent seize et de notre règne le vingt-deuxième.

Signé : LOUIS.

Par le Roi

Le ministre secrétaire d'état au département de l'intérieur,

Signé : LAINÉ.

Charles Philippe de France, fils de France, Monsieur, comte d'Artois, colonel général des gardes nationales du royaume;

Vu l'ordonnance ci-dessus ;

Mandons et ordonnons aux inspecteurs généraux, aux inspecteurs des départemens, commandans et officiers des gardes nationales, de tenir la main, en ce qui les concerne, à l'exécution de la présente ordonnance.

Donné à Paris, le 29 Août 1816,

Signé : CHARLES-PHILIPPE.

Par Monsieur,

Le Colonel secrétaire du comité des inspecteurs généraux

Signé : baron KENTZINGER

Pour ampliation :

Le secrétaire général du ministère de l'intérieur, membre de la chambre des députés, chevalier de St Louis et de la légion d'honneur,

Signé : PAULINIER DE FONTENILLE.

NOTE

Décoration du Lys

Les Mémoires de la Société des Sciences de la Creuse (année 1917) contiennent un article de M. de la Villatte sur la décoration du Lys, non créée, comme on le croit communément, mais restaurée par Louis XVIII, pour récompenser la fidélité à la monarchie.

Cet ordre fut, en effet, fondé par Sanche IV, roi de Navarre, en 1048. L'insigne, une fleur de lys d'argent, était suspendu à un ruban blanc ; il fut surtout attribué aux gardes nationaux et diverses ordonnances ajoutèrent au ruban des liserés de couleur différente pour chacun des départements du royaume.

Bull. Arch. de Tarn-et-Garonne, 1918 p. 272.

Le Labourd à la fin du XVIIIe Siècle

D'APRÈS LES ARCHIVES DU CONTROLE GÉNÉRAL (1)

(Suile) (2)

Dès son arrivée à Bayonne, la pensée de changer les mœurs et la constitution politique du Pays dut germer dans l'esprit novateur et ami de l'ordre de M. de Néville. Il y fut poussé aussi peut-être par une personnalité que de récents démêlés avec l'Aministration du Labourd avaient peu disposé en faveur de cette dernière. Nous avons nommé le Commandant du Roi à Bayonne, le marquis de Caupenne. Il est certain que la documentation de l'Intendant relative aux coutumes et au régime du pays est trop complète pour que quelque esprit averti ne l'ait pas aidé dans l'exposition de son projet de réforme. Malgré la haute intelligence de magistrat dont il fit toujours preuve, M. de Néville, qui venait d'arriver à Bayonne, n'avait pu embrasser, dans l'espace de quelques mois, avec tous les inconvénients du système, les réformes à apporter. Un point qui fortifierait notre opinion est l'étonnement marqué par l'Intendant dans sa lettre, de ne point voir figurer la noblesse dans l'assemblée du pays, sa pensée de l'y faire entrer et surtout le désir qu'il paraît avoir exprimé d'établir comme Président de l'Assemblée de la noblesse le

(1) Quelques documents des archives des affaires Etrangères ainsi que d'autres provenant de sources diverses, y ont été adjoints. J'en dois la communication à Monsieur le Capitaine Duhourcau qui, ne cessant de témoigner à mon travail un intérêt dû seulement aux faits inédits qu'il peut révéler, m'a apporté l'appui de sa grande obligeance. Je l'en remercie ici bien sincèrement. Ma gratitude va aussi à notre vice-président Monsieur le Commandant de Marien qui, plus récemment, m'accorda son aide.

(2) Voir Bulletin 1-2 de 1917.

marquis de Caupenne, propriétaire du Labourd et Commandant du Roi à Bayonne.

Cette assertion trouve aussi son fondement dans l'opinion exprimée par les officiers du bailliage d'Ustaritz dans un long mémoire qui va nous permettre de jeter une lumière vive, peut-être un peu partiale, sur « la révolte des Basques en 1784 », révolte qui contribua beaucoup à l'établissement sur le papier, tout au moins, du plan de M. Le Camus de Néville.

Dans une étude sur « une émeute en 1784 », (1).M. Yturbide nous a fait le récit de ce que fut ce soulèvement à Hasparren. Faute de documents qu'il déclare du reste très franchement ne pas posséder, l'estimable historien du Labourd s'est appuyé sur les dires de M. l'abbé Duvoisin, à la science et à l'honorabilité duquel il a accordé toute confiance.

Il est néanmoins des points qui diffèrent entre ses assertions et celles que nous relevons dans le document officiel qui nous sera d'un précieux secours pour ce fait, en même temps que pour étudier l'état d'esprit qui accueillit les idées de réforme au pays Labourdin. Ce document est un long mémoire, daté de 1785, adressé par les officiers du Bailliage d'Ustaritz au Procureur Général près le Parlement de Bordeaux. Il n'est malheureusement pas original, mais sa copie faite à la demande du Contrôle général au moment où se discuta en Conseil du roi le maintien de la Constitution du Labourd nous est un garant de la fidélité de la reproduction.

Il est intitulé : *Récit de la légère émeute de quelques paroisses du pays du Labourd et des causes qui menacent cette province dans ce moment d'un soulèvement général.*

Délaissons un instant cette seconde partie du titre pour étudier les événements qui précédèrent les initiatives de l'Intendant Le Camus de Néville. Ils ont trait à l'échaufourrée du bourg d'Hasparren.

(1) Publiée dans la Revue Internationale des Etudes Basques 1907.

C'est la question de la Franchise qui fut cause de la sédition. Les Labourdins tenaient jalousement à tous leurs privilèges et nous savons que la seule question de la *gabelle* avait le don de les mettre en fureur. (1). Ils étaient exemptés de cet impôt, mais non de tous ceux perçus par les commis des fermes. Ce ne fut pas la crainte d'un établissement ferme de la gabelle qui provoqua les mouvements de révolte, ainsi qu'on a pu le croire, mais simplement les formalités résultant de la franchise de leurs ports accordée aux villes de Bayonne et de Saint-Jean-de-Luz par ordonnance royale de Juillet 1784.— Le Labourd se trouva, de ce fait, partagé en deux zones délimitées par la Nive, et soumises à deux constitutions différentes, l'une franche et l'autre sujette à la police que la ferme entretenait le long des pays privilégiés; on peut juger combien cette surveillance, très stricte du reste, était contraire et désagréable à l'esprit un peu... contrebandier, mettons le mot, de tout Labourdin. Il n'en fallut pas davantage pour créer quelque rumeur dans la partie non franche.

C'est précisément à cette époque que l'Intendant prit possession de son poste. Il y arrivait à la veille d'un moment difficile et il était tout naturel que, nouveau venu dans le pays, il prit conseil du syndic du Labourd et surtout du Commandant du roi à Bayonne qui, par sa situation de rang et de fortune, possédait une grosse influence.

Or, il se trouva que le marquis de Caupenne avait eu à se plaindre des communautés, s'il faut en croire les auteurs du mémoire déjà cité (2). Ces dernières exposaient.. « qu'il avait offensé le pays par une entreprise sur son administration politique, étrangère à sa place ». Voici ce que fut cette entreprise, puisée à la même source, et bien faite pour montrer l'esprit d'indépendance des élus du Labourd

(1) Lettre de Neville. Voir n° précédent.

(2) Cette assertion semble fondée, car, dans une lettre de M. de Neville au contrôleur général, il est parlé « d'une démarche imprudente » de M. de Caupenne.

et leur refus de céder à toute ingérence dans leur administration.

...« Le Commandant de Bayonne avait désiré, on ne « sait pour quel motif, de faire nommer à la place de syndic « de la province le sieur Caselar, bourgeois d'Hasparren et « capitaine aux gardes Montoises, que la province avait « rejeté quelques années auparavant; il avait écrit à ce « sujet une lettre circulaire aux communautés de ce pays « vers le mois de Juillet dernier. Sa lettre, qui jusque-là « était quelque chose de plus qu'une sollicitation honnête, « finissait par une menace un peu entortillée, mais bien « positive, contre ceux des habitants qui s'opposaient à « ses vues; cette lettre reçut dans le pays l'accueil qu'on de« vait attendre de sa noble fierté et de son amour pour la « liberté; le commandant fut refusé et n'eut pour lui que « quelques paroisses que lui assurèrent la pusillanimité ou « d'autres considérations; irrité de ce refus, il avait dès « lors annoncé le projet de réformer la constitution du « Labourd... »

Il comptait sur l'arrivée du nouvel Intendant pour réaliser ses projets et son attente ne fut pas trompée. S'adressant à un homme épris, non de l'amour de la tradition, mais de la bonne organisation, il lui présenta les mesures premières qui devaient acheminer les esprits vers plus d'obéissance.

Il était de tradition que chaque Intendant réunît, à son entrée en fonctions, par l'entremise du syndic, l'Assemblée générale du Pays et lui transmît les ordres du Roi. Mais M. de Néville ne voulut pas se soumettre à cette formalité pour annoncer l'octroi de la franchise aux ports de Bayonne et de Saint-Jean-de-Luz. Il avait ses raisons. Le temps pressait d'ailleurs, car cet octroi de la franchise mettait depuis nombre d'années la ville de Bayonne et la pays de Labourd en rumeur.

Nous avons déjà vu quels étaient les privilèges accordés à la province, mais une première atteinte y avait été apportée en 1749 par un impôt sur les tabacs. Elle s'était aggravée d'un arrêt du 4 mai 1773, qui avait ordonné l'établissement d'entrepôts et la vente exclusive du tabac au profit de la Ferme. Cet arrêt, à la suite de vives réclamations, fut suspendu, mais il avait été le pivot d'une lutte qui se déclancha dans la ville de Bayonne, entre le corps de ville et une fraction importante des notables.

La Municipalité voulait que la franchise fût accordée au port de Bayonne, mais un parti composé de quelques commerçants et petits détaillants demandait seulement la confirmation des privilèges anciens. A leur tête se trouvait M. de Bretous, négociant fort riche, lié avec celui qui semble avoir été l'inspirateur de la réforme de la coutume, M. de Caupenne en un mot, ce qui ne manquait pas d'embarrasser un peu M. de Néville. Ce parti d'opposants avait fait répandre, à Paris, un libelle contre le projet de franchise à Bayonne; plus même, ayant recueilli 110 signatures, il avait rédigé un mémoire adressé aux membres du Parlement de Bordeaux, chargé de l'enregistrement des lettres patentes. Le Parlement semblait du reste répondre à ses vues et ne se pressait nullement pour l'enregistrement, s'y opposait même, suivant M. de Néville, qui écrivait à M. Dupont (1) le 31 Aout 1784 :... « sur l'enregistement il ne faut pas compter ». (2)

Dans ces conditions l'Intendant, qui sentait croître la rumeur et voulait une décision prompte, réclamait du Contrôle général, par l'entremise de son correspondant, un arrêt en place des lettres patentes et cela très promptement afin de mettre tout le monde devant le fait accompli. « Quand le feu est à la maison il faut toujours apporter ce qu'on a d'eau », ajoutait-il.

Il écrivait donc au Contrôleur général le 31 Août 1784 (3)

(1) Economiste, collaborateur de M. de Vergennes qui le chargea de préparer les bases du traité de l'Indépendance des Etats-Unis, plus tard élu aux Etats généraux par le bailliage de Nemours et connu sous le nom de Dupont de Nemours.

(2) Archives aff. Etrangères. N° 1589.

(3) — id. — — id. —

« ... Je n'ai pas cru devoir annoncer au commerce ce que contenaient les ordres que j'ai reçus, parce que le courrier de Bordeaux part ce soir et qu'il est au moins inutile que la partie de l'opposition qui a écrit au Parlement ... ait le temps d'écrire de nouveau pour instruire que sans attendre cet enregistrement on passe outre à l'établissement de la franchise... Il serait bien nécessaire de tenir prêt l'arrêt du Conseil qui tiendra lieu de lettres patentes, car nous ne pouvons pas aller sans une loi publiée et il ne faut pas compter sur le Parlement »

Les ordres qu'il avait reçus après les avoir demandés au contrôleur général consistaient :

1° A étendre jusqu'à Cambo la liberté de la navigation de la Nive qui, par l'art. 24 des lettres patentes du 4 Juillet était bornée à La Ressore.

2° En maintenant pour les bateaux qui ne servaient point au commerce la disposition du même article qui interdisait la navigation de cette rivière depuis le soleil couché jusqu'au soleil levé, de la permettre aux bateaux et autres bâtiments de commerce pendant la nuit à la charge de porter un fanal allumé et d'avoir un employé des fermes à bord.

3° A permettre aux employés des fermes, d'avoir pour la police, des bateaux qu'ils tiendraient amarrés le jour et avec lesquels ils feraient des rondes de nuit sur la Nive.

4° A permettre aux paroisses de la partie du Labourd soumise à la police de la frontière d'élire un dépositaire pour le tabac de leur approvisionnement, lequel dépositaire serait soumis à toutes les règles auxquelles les abbés et jurats désignés pour dépositaires par les lettres patentes du 4 Juillet auraient été assujettis si le dépôt eût eu lieu dans leur maison.

5° D'autoriser les déclarations que feraient les armateurs de Bayonne et de Saint-Jean-de-Luz de leurs navires actuellement en mer pour la pêche, afin de leur assurer à leur retour les avantages de la pêche nationale. (1)

Etc...

Pour faire exécuter ces ordres, M. de Néville recommanda beaucoup de discrétion à M. de Moncloux, chef du service de la ferme et, suivant ses termes : « comme il (M. de Moncloux) avait cependant besoin dans l'instant de donner des ordres à tous les employés pour qu'ils évacuent... les postes de l'intérieur du Labourd il (2) leur enjoignit d'aller recevoir ses ordres à Saint-Jean-de-Luz dont le courrier était déjà parti (3).

Cela fait, ajoutait-il :... « j'irai prévenir le Commandant (M. de Caupenne) afin que le soir, à l'ordre, les consignes nécessaires soient données et je lui dirai que si je ne l'ai pas instruit plus-tôt, il doit l'attribuer à mes instructions qui me défendaient de m'expliquer avant ce moment (4).

Les consignes furent données. Les employés de la ferme obéirent aux prescriptions, se replièrent sur Saint-Jean-de-Luz suivant les ordres indiqués et, l'arrêt du Conseil étant parvenu à M. de Néville, ce dernier, faisant défense au pays de convoquer ses Etats, fit simplement afficher de nuit les lettrespatentes à Bayonne en faisant supprimer l'arrêt d'enregistrement du Parlement. Mais, craignant les rumeurs et les mouvements qui s'étaient déjà produits de façon sourde dans le Labourd à la suite du repli constaté chez les employés de la ferme, il donna l'ordre d'assembler les milices et fit patrouiller autour des églises à la porte desquelles devait se faire l'affichage des lettres patentes de la franchise.

Des désordres s'étaient déjà produits à Bayonne parmi le monde des marchandes de poissons qui avaient envoyé

(1) Archives aff. Etrangères N° 1589.

(2) M. de Monchoux.

(3) Lettre au Contrôleur général (Arch. Aff. Etrangères. N° 1589).

(4) Cette méfiance provenait du fait de la liaison de M. de Caupenne avec M. de Bretous, chef du parti de l'opposition.

une députation vers l'Intendant. Celui-ci effraya un peu ces envoyées; mais le mouvement de protestation gagnait la province tout entière.

Toutes ces mesures, en créant deux zones dans le pays basque, l'une soumise à la police des douanes, l'autre totalement affranchie, ne pouvaient qu'aboutir à une confusion dans l'esprit des Labourdins, qui étaient en fait partisans de la franchise, ils en avaient toujours exprimé le vœu, mais opposés aux restrictions qu'elle comportait (1) et surtout animés de la crainte qu'elle ne fît établir la gabelle dans le pays.

Ils protestaient donc très haut que tout ce qu'on faisait était contre les ordres du Roi, dont ils voulaient respecter la seule volonté et se révoltaient en conséquence de ce raisonnement (2)

C'est à Hasparren, à la suite de ces mesures, que le mouvement prit le plus d'ampleur. Sur l'initiative, inspirée par l'autorité, du greffier de la commune, une réunion de vingt-cinq habitants se tint à la place de l'assemblée publique. On essayait ainsi de n'avoir pas l'air de violer complètement la constitution. Cela fait, la publication des lettres patentes se fit par l'intermédiaire des cavaliers de la maréchaussée, ce qui produisit une mauvaise impression. Aussitôt, comme une traînée de poudre se répandit la nouvelle de ce coup de force. Lisons le mémoire :

« .... C'est dans ce moment que l'orage a commencé à éclater. Une troupe de femmes de la lie du peuple alla arracher les papiers des mains des jurats et du greffier et fit fuir les cavaliers. Ce premier pas une fois franchi, l'orage s'est sensiblement accru : la troupe des femmes a gros-

(1) Ce qui ressort d'une délibération du Conseil de Commerce de Bayonne du 25 Frimaire an 11e de la R., qui, quoique postérieure n'en marque pas moins l'état d'esprit indiqué. (*Communication de M. le capitaine Duhourcau*).

(2) Termes de la Lettre de M. de Mouchy au comte de Vergennes du 22 Octobre 1784. (Arch. Aff. Etrang. N° 1589.)

si et a formé bientôt, non pas comme la calomnie la plus hardie l'a débité, un attroupement de cinq à six mille personnes, mais plus de cinq à six mille femmes dont la plus grosse partie était, contre son gré, arrachée de sa maison ... Comme on était persuadé que le refus fait au commandant de nommer le Sr. Caselar pour syndic du pays entrait pour beaucoup dans les imprudences alarmantes qu'on vient d'énumérer, comme d'un autre côté le greffier de la paroisse était devenu suspect... ce fut contre ces deux hommes que se dirigèrent les premiers coups de la fureur du peuple; on tira contre les portes de leur maison et non contre leur personne quelques coups d'arme à feu, excès plus extravagant que dangereux... ».

Il faut avouer, quoiqu'en disent les officiers du Bailliage dans ce qui précède, qu'il y avait là de quoi faire réfléchir l'Intendant et surtout le Commandant du Roi à Bayonne, qui se voyait ainsi personnellement visé. Une note marginale du mémoire assure qu'en effet le rassemblement se montait à cinq ou six mille femmes, nombre considérable pour un bourg comme Hasparren, ce qui prouve en effet la préméditation d'un mouvement séditieux, mais aussi qu'il y avait là beaucoup d'hommes déguisés en femmes. On peut juger aussi des cris qui furent poussés dans cette foule et des remous qui ne manquèrent pas de s'y produire.

M. de Néville, alarmé, se transporta à Hasparren accompagné du Commandant, du fermier général, du syndic du Pays, d'un subdélégué et de trois cents hommes d'armes du régiment de Courten. Il venait pour rétablir le calme, au besoin même par la force.

Le jour même où fut déployé ce mouvement de troupes, quelques hommes, convoqués par le curé d'Hasparren, se trouvaient près de l'église où le curé devait leur expliquer les lettres patentes et prévenir... « par là, que, gagnés par la contagion, ils se mélassent à l'attroupement des femmes ». En un instant, la nouvelle de l'arrivée des autorités et de la force armée fit grossir le nombre des hommes, attirés, paraît-il, seulement « par la curiosité ». Tous étaient armés de leurs bâtons... « sans lequel M. le Commandant savait bien que le basque ne va pas, même à son église », disent las officiers labourdins.

Oui, sans doute, mais était-il bien nécessaire que chacun eût le sien pour une réunion où il était attiré par la seule curiosité? Il est évident d'un autre côté, que si cette foule avait eu des instincts combatifs, elle aurait mêlé quelques fusils à ses bâtons pour les opposer au feu possible de la troupe. Son attitude était, nous le croyons, tout expectative et ses bâtons auraient pu être, en l'occurrence, entre les mains des Labourdins une arme défensive pas mal dangereuse.

Cependant le Commandant, l'Intendant et le Syndic entrèrent en pourparlers avec la foule qui protesta de sa soumission aux ordres du Roi, ajoutant néanmoins par une distinction subtile, qu'il était pour ce cas, fait abus de la parole royale. La conversation glissait donc sur le terrain de la discussion.

C'est alors que les autorités, se retirant, tinrent un Conseil où il fut convenu qu'on allait faire donner la troupe. Heureusement quelqu'un — nous avons lieu de croire ou d'espérer que ce fut le syndic — eut l'audace de dire qu'on la ferait d'abord passer sur son corps; se joignant à lui, le curé du lieu, homme vénérable fit observer que « ... quel que fût le nombre de ces femmes, il ne fallait pas perdre de vue que les trois quarts y étaient contre leur gré » et proposa, pour vérifier le fait, d'assembler les habitants pour leur faire délibérer d'en retirer leurs femmes ou leurs filles ».

Cette mesure paraissait trop dangereuse, comme étant susceptible d'augmenter la fermentation et aussi de faire durer le rassemblement. Il fut répondu qu'on n'en avait pas le temps et une démonstration de cavalerie eut lieu. La foule se retira sans excès, imitée en cela dans cinq ou six paroisses où elle s'était réunie au son des cloches.

Les Labourdins avaient protesté et leur fierté paraissait ainsi être mise à couvert, lorsque l'Intendant, mal inspiré peut-être, méconnaissant l'amour de l'indépendance des Basques, et irrité aussi sans doute de ce mouvement séditieux se produisant au lendemain de son arrivée dans le pays, voulut réprimer dès son origine l'instinct de révolte. Il prit des mesures radicales.

Quelques habitants d'Hasparren s'étant rendus à Bayonne pour leurs affaires, furent mis en état d'arrestation. Puis vint un ordre du Roi de raser les communautés rebelles, punissant ainsi, indistinctement, innocents et coupables. Cet ordre communiqué au Syndic le fit agir rapidement, suivant les vues de l'Intendant, et lui fit adresser à toutes les communautés une circulaire annonçant cette nouvelle alarmante et leur conseillant de venir se jeter aux pieds de M. Le Camus de Néville pour implorer son pardon.

Une juste frayeur saisit les Labourdins. Ils obéirent. Lisons le récit de leurs élus.

« Des députations composées dans chaque paroisse de presque tous les habitants et *jusqu'à deux cents paroisses* (1) furent reçues aux portes de la ville par une *garde triplée*. La première place en entrant dans la ville leur offrait *des canons déjà montés sur leurs affûts et prêts à partir*; *la porte de l'Intendance gardée par un grand nombre de grenadiers, la baïonnette au bout du fusil, la cour qui y conduit séparée par deux rangs de cavaliers de Maréchaussée à cheval, l'épée à la main*. Le fond de la cour en face de la porte offre encore *une troupe de soldats en rang et en armes*. Chaque porte d'entrée d'appartement et d'antichambre, *hérissée de cavaliers*, une grande salle *remplie d'officiers de police*, même de dames ayant l'Intendant à leur tête. — Ce fut au milieu de cet appareil imposant que furent reçues pendant

(1) Tout dans les plaintes qui vont suivre nous paraît un peu trop théâtral, ne serait-ce que le chiffre de deux cents paroisses ! Il y a là nous le croyons cependant une erreur de copie.

plusieurs jours les députations de ces esclaves innocents (!) M. l'Intendant leur parla comme il jugea convenable à la dignité du moment, mais il leur ordonna entr'autres d'abattre aux uns leurs clochers, aux autres leurs cloches, à tous d'installer les gardes de la ferme et d'afficher les lettres patentes, ensuite que les députations se continueraient tous les jours en diminuant pourtant en ordre pour venir rendre compte de l'exécution des premiers ordres et en recevoir de nouveaux, en sorte que pendant vingt jours, *les chemins n'étaient couverts que d'habitants consternés et humiliés allant et venant de chez eux à l'Intendance et de l'Intendance chez eux* ».

De plus, le pays fut sillonné par des détachements de troupe qui procédèrent au désarmement de tous les habitants. Deux mille fusils furent ainsi confisqués.

Tel fut le premier mouvement de révolte du Pays de Labourd à la fin de ce XVIIIe siècle, qui allait voir grandir dans toutes les contrées de la France les germes d'un malaise qui devait conduire les esprits vers la grande crise de 1789. La Nation tout entière était en pleine évolution. Les vieux cadres de l'organisation provinciale faisaient entendre leurs premiers craquements. — Chose étrange, c'est au moment où l'administration généralement sage des anciens intendants cherchait à unifier tous les ressorts composant l'ancienne France, en se heurtant souvent à la négligence des gouvernants, que les premières résistances vinrent de ceux mêmes qui avaient intérêt, dans un but national, à l'identification de tous les rouages administratifs. Ces vieilles coutumes, ces vieux usages, derniers débris de liberté laissés par la royauté aux communautés et à quelques provinces, devaient faire l'objet de révoltes qui entretiendraient l'esprit combatif et épris d'indépendance de la vieille province française; sursauts dangereux qui allaient précipiter le régime dans une convulsion d'où le pays sortirait ayant perdu ses cadres et son originalité, pour les voir fondre dans le creuset d'où allait jaillir une France nouvelle avec une organisation uniforme.

C'est alors que l'octroi de la franchise donnait à M. de Néville l'occasion de tenter une petite réforme dans l'organisation du Labourd que se répandit le bruit des projets qui firent l'objet de sa lettre du 23 novembre 1784. (1) Ils devaient provoquer une plus grande agitation et amener une protestation des officiers du Bailliage d'Ustaritz. Ici nous aborderons le deuxième paragraphe du titre du mémoire cité plus haut.

A la lettre de M. de Néville étaient jointes les délibérations de quelques communautés demandant elles-mêmes une modification de leur administration et un projet de décret intéressant la constitution du Labourd, projet qui, ainsi que nous le verrons par la suite, n'eut pas une heureuse fortune. Animé par le désir d'apporter le plus vite possible les modifications nécessaires, M. de Néville avait fait passer à toutes les communautés un plan d'administration particulière, centralisant leurs délibérations dans la réunion d'un petit nombre de députés. C'était au lendemain des humiliations imposées par l'Intendant aux Communautés qualifiées de rebelles. Quelques-unes, intimidées dans ce moment de répression acceptèrent et souscrivirent à cette innovation; d'autres refusèrent et certaines mêmes revenues de leur terreur, rétractèrent leurs engagements. Celles seulement qui avaient envoyé leurs délibérations à l'Intendant virent leurs décisions ratifiées par un arrêt du Conseil du 22 janvier 1785. Il en résulta, ainsi que le font remarquer les auteurs du mémoire, que le pays offrit « ... le spectacle singulier du mélange bizarre de trois administrations différentes ». (2)

Cet arrêt, qui vint compléter le désordre de l'administra-

(1) Voir Bulletin 1-2 de 1917.

(2) A titre documentaire nous citons le mode d'élection des magistrats, en usage à Hasparren, indiqué dans une adresse au Parlement.

... Les lettres patentes de 1656 avaient confié dans ce bourg considérable

tion du Labourd, offre des points qu'il convient de connaître.

La copie que nous avons sous les yeux fut faite sur l'original communiqué aux Bureaux du Contrôle général par le Baron de Breteuil. Nous en citons les articles principaux. — Ils sont relatifs à la communauté de Bonloc (1). Une note en marge relate que des arrêts à peu près semblables furent rendus pour les communautés dont M. de Néville avait envoyé les délibérations, savoir : Macaye, Lahonce, Hendaye, Ascain, Guiche, Louhossoa, Mendionde, Urcuit, Urt, St-Pée, Bardos, Biarritz, Cambo, Halsou, Briscous.

Art. I

Le corps municipal et la communauté de Bonloc sera et demeurera composé d'un Maire abbé, d'un jurat, d'un secrétaire greffier et d'un trésorier des revenus de la communauté chargé en même temps des impositions royales, lesquels officiers composeront le Conseil ordinaire de ladite communauté sans toutefois que le greffier ni le trésorier y aient voix délibérative.

Art. II

Défend S. M. de convoquer à l'avenir dans la dite commune des Assemblées générales pour les cas où elles avaient ci-devant lieu et S. M. ordonne que pour y suppléer, il sera établi un conseil politique qui sera convoqué dans toutes les occasions où l'on avait coutume de convoquer les Assemblées générales.

---

l'administration à 1 Maire, 4 Jurats et 12 Députés tirés du corps des notables. Voici comment ils étaient élus.

... On jette dans un chapeau un certain nombre de grains blancs et un seul noir.

Après que les habitants des quatre quartiers de Hasparren se sont assemblés séparément, on fait passer le chapeau jusqu'à ce que le grain noir soit sorti une deuxième fois.

La même cérémonie s'observe dans chacun des quatre quartiers, ce qui produit 8 députés. Chaque couple de députés choisit dans son quartier trois électeurs et les douze électeurs nomment pour l'année le maire, les 4 jurats et les 12 députés qu'exigent les lettres patentes de 1656, qui une fois nommés n'osent exercer au préjudice de l'Assemblée générale le pouvoir que leur donne cette loi.

(1) Bourg labourdin sur la route de Bayonne à St-Palais, à une heure environ S. E. d'Hasparren.

Art. III

Le Conseil politique sera composé des officiers municipaux et en outre de 4 conseillers qui seront pris dans la classe des propriétaires, les dits conseillers seront appelés avec les officiers municipaux à la maison commune, y siègeront, sans observer de rang entre eux, y auront voix délibérative sur toutes les matières sur lesquelles ils auront été convoqués et qu'il était d'usage de porter aux Assemblées générales sans que, sous quelque prétexte que ce soit d'autres habitants, ecclésiastiques, nobles, officiers royaux et seigneuriaux, bourgeois ou autres puissent assister à la dite assemblée à peine de nullité des délibérations

Art. IV

Le Maire abbé ne pourra être pris que parmi les jurats, et les conseillers politiques qui seront ou auront été en place, et les jurats que parmi les conseillers politiques. Le Maire abbé et les jurats exerceront pendant deux ans sans qu'ils puissent être continués que par permission expresse du Sr. Intendant et Commissaire départi de la généralité.

Art. V

Les conseils politiques exerceront pendant 4 ans, il en sortira tous les deux ans deux et il en sera nommé deux nouveaux, de manière qu'il y en ait toujours moitié d'anciens et moitié de nouveaux, sans qu'ils puissent être continués au-delà de l'exercice ordinaire des 4 années que par permission expresse du Sr. Intendant et Commissaire départi.

Art. VI

Le Maire abbé, le jurat et les conseillers politiques seront choisis et nommés à l'avenir au scrutin et à la pluralité des suffrages dans une Assemblée du Conseil politique qui se tiendra dans le mois de Janvier

Art. VII

Lorsque dans l'intervalle il vaquera quelque place par mort ou autrement, il y sera pourvu dans la huitaine de la vacance par le Conseil politique de la même manière qu'il est porté à l'art. ci-dessus et ceux qui seront nommés dans ce cas n'accompliront que le temps d'exercice dont étaient tenus leurs prédécesseurs.

Art. VIII

Ceux qui sortiront de la place de Maire abbé ne pourront être nommés de nouveau à la dite place que six ans après et aux places de jurats et Conseillers politiques que quatre ans après; ceux qui sortiront de place de jurats ne pourront être nommés de nouveau ainsi qu'aux places de Conseillers politiques que quatre ans aprés ceux qui sortiront des places de Conseillers politiques ne pourront y être nommés également de nouveau que quatre ans aprés.

Art. IX

Les délibérations seront prises à la pluralité des voix tant dans les Assemblées du Conseil ordinaires que dans celles du Conseil politique et en cas de partage, la voix du Maire abbé, ou en son absence du jurat qui présidera sera prépondérante. Toutes les dites délibérations seront inscrites et signées sans aucun blanc dans le registre des délibérations qui sera coté et paraphé par le Maire abbé ou en son absence par le premier jurat sans qu'on puisse le rédiger sur les feuilles volantes dont S. M. défend et interdit l'usage sous peine de nullité des délibérations, celles du Conseil politique ne pourront être valables qu'autant qu'elles auront été prises dans une Assemblée composée au moins des deux tiers des membres du dit conseil, à l'effet de quoi chaque délibération contiendra les noms de tous ceux qui auront assisté à l'assemblée, lesquels signeront la délibération avec le greffier et s'ils ne savent signer il en sera fait mention à la fin de l'acte.

Art. X

Il ne pourra être fait aucune imposition de deniers sur le Comité, ni aucun emploi de ses revenus patrimoniaux ou d'octroi pour quelque objet que ce soit, autres que les dépenses ordinaires qui seront fixées et arrêtées par un état autorisé par le Sr. Intendant.

« Cet arrêt occasionna, de la part des communautés réfractaires l'envoi de plusieurs députations à Bayonne, car au moindre besoin. . . « au moindre changement d'idée, les officiers municipaux de toute la Province y sont mandés en corps et avec des députés. Il faut convenir que les habitants ainsi traités, ainsi vilipendés, ainsi dégradés à leurs yeux doivent être des sujets d'une fidélité sans exemple, ou qu'ils ont perdu jusqu'à la dernière étincelle de nerf qui caractérise chaque peuple, pour souffrir patiemment un joug aussi insupportable ».

« Et les magistrats du Pays faisaient entendre ces paroles

qui ne manquaient pas d'être inquiétantes : « ... qu'on ne s'y trompe pas, ce n'est qu'un moment de léthargie, il faut trembler du premier moment de réveil de ce peuple généreux et fidèle, mais fier et terrible dans le retour et ce moment va poindre si on n'y met ordre ».

C'est que non seulement l'arrêt réformant la coutume particulière de chaque communauté avait vu le jour, mais le plan envoyé par M. de Néville au Contrôleur général n'était plus un secret pour personne et l'on savait que son point le plus important était l'admission de la noblesse dans l'assemblée du Tiers-Etat.

Ce projet devait avoir toutes les malechances. Après avoir été pris en considération au Conseil Royal, il ne fut pas appliqué par suite de l'opposition du Contrôleur général, M. de Calonne et il devait, sans résultat, semer le germe de la révolte dans le Labourd.

A quoi tient la destinée d'une province ! A peu de chose, puisqu'en l'occurrence la susceptibilité du contrôleur général, froissée par une omission qui provenait d'une erreur de ses bureaux, fit échouer au Conseil le projet de décret de suspension des réunions du Bilçar jusqu'à ce qu'une députation des habitants, au nombre de huit, à laquelle serait joint le syndic du Pays, fut appelée à étudier avec l'Intendant un nouveau mode de Constitution.

Ce plan très sage, et qui faisait participer les délégués du pays à l'élaboration d'une nouvelle constitution était surtout une mesure de diplomatie, puisque M. de Neville rédigeait le projet dont nous verrons plus tard les bases en se flattant de l'espoir secret d'en faire adopter les termes par les députés du Bilçar (1).

La peine fut inutile. Voici ce qui s'était produit : M. de Néville avait rédigé la lettre contenant ses critiques et son plan, en trois exemplaires adressés, le premier à M. de Vergennes, Ministre des Affaires Etrangères, mais en

(1) Voir à la partie documents (A).

fait premier ministre, le second à M. de Miromesnil, garde des sceaux, le troisième à M. de Calonne, Contrôleur général.

Les deux premières lettres parvinrent à leurs destinataires, mais par un hasard malheureux la troisième, arrivant aux bureaux du Contrôle général fut examinée hâtivement comme traitant seulement de la franchise et M. de Calonne n'en put prendre connaissance. Aussi son embarras fut-il grand lorsqu'au Conseil on eut à examiner une affaire de son ressort, dont étaient instruits ses collègues et non lui.

Il écrivit immédiatement le 27 janvier 1785 à M. de Néville et, en un post-scriptum ajouté de sa main, disait sur un ton qui voulait persuader qu'il n'avait en vue que l'intérêt général, mais auquel un esprit averti ne saurait se tromper :

« . . . A cette occasion, Monsieur (Les Pays d'Etat de votre généralité) je ne puis m'empêcher de vous témoigner mon étonnement de ce que, ayant fait et envoyé à M. le comte de Vergennes un projet. . . vous ne m'en ayez pas donné connaissance ».

Il continuait en disant : « . . . J'ai demandé un délai au roi sur cet objet qui m'était absolument neuf et qui paraissait très important pour ne pas exiger de plus amples éclaircissements *que ceux qu'il vous a été possible d'acquérir depuis le peu de temps que vous êtes à Bayonne. Il faut être fort circonspect lorsqu'il s'agit de changer les anciens usages et la Constitution d'un pays fort attaché à ses coutumes et qui n'est pas fort aisé à manier. L'apparence du mieux entraîne souvent dans des difficultés qui nuisent au bien et il ne faut opérer que graduellement ces changements*, quand on veut prévenir les vexations fâcheuses qu'ils opèrent presque toujours. C'est ce qui fait que le Conseil du Roi en adoptant seulement votre proposition pour ce qui concerne la forme des Assemblées de Communautés a remis à un plus grand examen votre projet pour l'autorisation des Assemblées du district. »

Cette lettre fut un coup de foudre pour notre Intendant qui, par retour du courrier, le 8 Février 1785 protesta de sa bonne foi et, cherchant à obtenir son pardon ajouta (Ceci est important pour nous faire une opinion sur le caractère de M. de Néville),

« . . . Je suis d'autant plus fâché, Monsieur, que l'on n'ait pas mis sous vos yeux ma lettre du 24 novembre, qu'elle vous aurait à ce que je pense, convaincu *que je ne suis pas aussi aisément que l'on aime à le faire croire, novateur et tranchant* ».

M. de Néville était-il tranchant et novateur? Les Labourdins semblent ne le trouver que trop et c'est ce qu'ils expliquent dans un long développement de la partie de leur mémoire relative au projet qui les inquiétait tant.

Nous avons cru devoir précédemment citer in-extenso la lettre de M. de Néville; l'intérêt qu'on a bien voulu y trouver et aussi le même souci de mettre au grand jour et de façon complète les arguments opposés aux observations de l'Intendant nous incitent à reproduire intégralement ce qu'écrivirent les représentants des Labourdins, à ce sujet, dans leur long exposé.

Prenons-le au point qui nous intéresse actuellement :

,., «Une assemblée de la Noblesse du Pays, tenue il y a quelque temps chez M. l'Intendant, annonça au Public le projet alarmant de quelque innovation plus considérable encore; aujourd'hui ce n'est plus un secret; ce projet est de faire admettre la *Noblesse dans l'Assemblée du Tiers-Etat, projet dangereux dans ce Pays, s'il n'est conduit et mitigé par la sagesse la plus consommée*, et de faire présider les Etats ainsi *composés par M. l'Intendant* lui-même, quand il sera présent et par son subdélégué dans le cas de son absence; projet *bizarre* en soi puisqu'aucun de ces Présidents n'entendaient pas *la langue des Basques*, et que les trois quarts des Basques n'entendraient pas la leur.

« Par ce projet on enlève à M. le baron de Garro, grand Baillif d'épée toute sa représentation, et par conséquent aussi une partie de la valeur effective de sa charge; même inconvénient pour les officiers du Bailliage qui, en vertu de l'arrêt du Conseil donné à St-Jean-de-Luz, le 3 juin 1660, ont le même droit même dès *longtemps auparavant*, comme on l'apprend par le vu de cet arrêt. Par ce projet qui doit réduire les Assemblées à quelques députés de la Noblesse et du Tiers-Etat, droit dont il est si jaloux qu'il n'est pas d'extrémité à laquelle il ne se porte pour le défendre, soit parce qu'il l'élève à ses propres yeux, soit parce qu'il redoutera avec raison la concurrence partout supérieure de la Noblesse, dont les intérêts lui sont plus opposés dans ce pays que dans tout autre. Projet dont la conduite surtout est extrêmement offensante puisque, par une contradiction singulière M. l'Intendant qui avait cru devoir se couvrir par les délibérations des Paroisses pour le changement des Administrations particulières, prend sur lui seul de renverser l'administration publique, sans daigner consulter aucun ordre de citoyens si intéressés dans la chose.

« Il en agit *tout* de même pour la réformation de la coutume; cependant il savait lui-même qu'ayant été proposé dans une Assemblée de réformer seulement l'article du retrait lignager pour le réduire à un an, la Province en a rejeté la proposition; il ne pouvait donc pas se flatter de réussir à lui faire adopter le changement de sa constitution totale, et il devait prévoir qu'en y essayant la force, il exciterait des troubles infaillibles s'il eût fait de tout cela le sujet d'une assemblée générale, et qu'il y eut proposé à la Province de nommer des députés de sa confiance pour examiner quels points de la constitution paraissaient susceptibles de changement, et il est probable qu'il y eut réussi, en partie du moins; car il est sur que la coutume du Labourd en présente plusieurs; que la succession de temps depuis sa rédaction et le changement de l'assiette des familles et des fortunes rendent les uns inutiles, les autres vicieux et un plus grand nombre encore absurdes; mais la Province, choquée avec raison d'être comptée pour rien dans la rédaction d'un code qui doit régir à jamais le sort des habitants actuels et de leur postérité, sacrifiera tout à son ressentiment.

« Cependant, Monsieur l'Intendant paraît très décidé à ne pas communiquer avec elle et à la forcer de plier sous le joug qu'il voudra lui imposer par une constitution qui *pour* être bâtie solidement, variée convenablement et fondée avec espoir de durer, exige plus de connaissance qu'il n'a des mœurs, du caractère et des intérêts du pays, et surtout la sanction de la soumission volontaire; voici la preuve de cette détermination de M. l'Intendant, et cette preuve offre d'autres lumières qu'il ne paraît pas indifférent de recueillir.

« Le 11 Février, il écrivit aux officiers de Bailliage de Labourd, une lettre par laquelle, en leur apprenant qu'il avait des ordres du Ministère du département relatifs au siège à leur communiquer, il les invitait à aller le trouver tel jour. Ils s'y rendirent. Il débuta par leur annoncer que si le siège n'avait pas été réuni au Sénéchal de Bayonne (1) ils le devaient à ses soins; ensuite que le Ministre avait reçu des plaintes contre eux; ils lui répondirent qu'il y avait longtemps qu'ils étaient tranquilles sur leur siège; que du reste, jaloux de se justifier auprès du Ministre, ils désiraient connaitre ces plaintes; ils eurent beau l'en prier, M. l'Intendant glissa doucement sur ce point, ne leur montra pas la lettre du Ministre, et passa subitement à l'objet de l'Administration publique. Il leur dit que le Ministre avait conçu le projet de réformer les Assemblées de la Province; qu'en conséquence il désirait de connaitre le titre en vertu duquel ces officiers présidaient à ces assemblées et quelle sorte de préjudice il leur résulterait de la perte de cette prérogative. Le Procureur du Roi lui répondit que ce titre était une possession immémoriale, avant même l'arrêt du

(1) En 1782, il avait été question de la snppression de la juridiction d'Ustaritz. Une véhémente protestation du syndic auprès du Contrôleur général semble, seule, en avoir fait différer l'exécution.

Conseil de 1660, qui l'avait consacré; que quant au préjudice qui devait résulter pour eux de la perte de cette distinction, personne mieux que lui même, et le Ministre ne pouvait apprécier l'abaissement que devait causer aux seuls officiers royaux d'un pays la privation de l'honneur de présider ces assemblées, combien cette innovation prendrait sur le respect public que ce droit leur concédait de la part de leurs justiciables, respect plus particulièrement nécessaire dans un pays frontière, qu'il ne pouvait donner d'autre mémoire. Le lieutenant général promit de donner le sien dans le mois, mais le Procureur du Roi s'en tint à sa réponse, il crut devoir demander à M. l'Intendant si des objets aussi importants ne lui paraissaient pas dignes d'être communiqués à la province? :..« Je vous entends, M. lui répondit-il, vous voudriez un Bil, car je vous vois venir, mais je ne veux pas qu'il y en ait et je voudrais bien savoir quel sera le *hardi* qui osera le convoquer ». On voit que M. l'Intendant compte pour bien peu de chose les officiers du Roi, ou qu'il croit les atterrer comme les essaims des Députations qui le suivent presque toujours; on le comprend mieux par ce qui suit. M. l'Intendant observa au Procureur du Roi qu'en refusant son mémoire, il s'élevait contre les ordres du Ministre; cela n'était pas d'abord possible, puisqu'il ne voyait ces ordres que dans la bouche de M. l'Intendant, mais il eut l'honnêteté de s'abstenir de cette personnalité, et se contenta de lui répondre qu'il venait de lui donner son mémoire; en deux mots qu'il n'avait rien à y ajouter... « Souvenez-vous donc Monsieur, lui dit-il en finissant, qu'aujourd'hui est le 15 de Février; cette menace, et plus encore le ton sur lequel elle était faite, était bien offensante, bien propre à échauffer la tête d'un Basque, qui passe pour être si chaude; le Procureur du Roi avoue qu'il sentit dans la sienne, dans ce moment des mouvements bien violents, il crut devoir se retenir en lui disant qu'il s'en souviendrait très bien, et surtout de l'objet pour lequel il avait été appelé. Le sentiment de son innocence, le zèle des intérêts publics confiés à sa place, l'étourdissement peut-être, il avoue que l'orage qui paraît s'élever sur sa tête l'affecte très peu.

« Il n'en est pas de même pour celui qui menace la Province; la fermentation y est déjà très vive : plusieurs maires abbés et jurats ont déjà été détournés par le Procureur du Roi de lui faire des actes pour qu'il eut à forcer le syndic à convoquer un Bilçar : 1o Pour sa démission et son remplacement ;« 2opour prendre un parti sur l'état critique des affaires tant qu'il n'y aura pas d'Assemblée générale dans le pays, qui ne pourra être entendu parce que sa constitution l'empêche de parler autrement. Comme il provient que d'après le résultat d'une Délibération *ad-hoc* ou par la bouche de son syndic, celui qui est en excercice paraît absolument subordonné aux volontés de M. l'Intendant, et quoiqu'il faille respecter les Intendants comme Commissaires du Roi, il n'en est pas moins vrai que ce serait méconnaitre absolument les vues du Monarque lui-même que de subordonner les Provinces aux projets de ses Intendants, il ne faudrait que cet avertissement pour empêcher le Conseil du Roi de prononcer en connaissance de cause, en un mot le pays doit être entendu sur les innovations projetées qui intéressent si vivement son repos et ses interêts, il ne peut l'être qu'on ne l'assemble, M. l'Intendant s'y oppose, cette opposition prend essentiellement sur sa liberté; les circonstances actuelles la rendent plus injustes encore, tous les ordres des citoyens gémissent des démarches imprudentes dans lesquels on les a entrainés par erreur, sont furieux de la manière dont ils sont traités, principalement des entreprises sur l'Administration du pays, et murmurent. Des mouvements d'orage s'élèvent de toutes parts et menacent d'une émeute non pas dans cinq ou six paroisses, mais dans toute la Province. Si la seule ligne de démarcation de la franchise a soulevé ces paroisses, que doit-on attendre de la Province entière qui voit ses interêts les plus précieux menacés, ses Droits, sa Liberté compromis et violés, sa constitution, son administration attaquées, et prêt à essuyer la révolution peut-être, la plus funeste, mais à coup sur la plus désagréable pour tous, de la part d'un peuple qui, à la réflexion de ces objets importants, ajoute le souvenir amer du traitement cruel qu'ont essuyé les Paroisses prétendues rebelles; ces Députations par troupeaux d'innocents, ces emprisonnements arbitraires des citoyens de tout ordre sans distinction du crime et de l'innocence, ces réitérations presque journalières des Députations avilissantes des officiers municipaux, que n'en doit-on pas attendre si on considère que dans la légère émeute qui sert de prétexte et de moyen à tout cela, il n'y a pas de citoyen honnête qui ne la blâmât et ne concourut à l'apaiser, mais qu'il n'en est pas un seul, qui dans ce qui se passe actuellement ne soit personnellement aigri, personnellement offensé, et qui ne sente en effet que si l'administration du pays, très sage dans sa forme, doive être changée, *ce doit être l'ouvrage d'un moment calme, ou d'un Comité des personnes sensées et éclairées du pays*; que si en général les innovations sont odieuses, quand elles ne sont pas provoquées par une nécessité absolue, celle que l'on projette dans le pays, la manière dont on s'y prend, le moment qu'on choisit pour cela, sont extrêmement propres à exciter des troubles et des séditions. Elles le sont d'autant plus que l'opinion générale est qu'elles sont inspirées à M. l'Intendant général par quelques personnes qui se sont trouvées arrêtées par leurs vues particulières, par le nerf, la publicité, et la liberté de l'administration actuelle, image des meilleures administrations de quelques pays voisins, en un mot le désordre est à la porte, les auteurs de ce mémoire trahiraient le devoir le plus sacré et le plus urgent, en n'avertissant pas leurs supérieurs qu'il peut causer la révolution la plus funeste dans la disposition actuelle des esprits. »

Ainsi donc la révolte était prête à gronder, d'autant plus prochaine que malgré les réclamations des Communautés, le syndic, contre lequel existait une haine non dissimulée, ne demandait pas la réunion d'un Bilçar. Il ne rendait par conséquent aucun compte de sa gestion. Le sieur Haramboure, syndic depuis le 13 février 1781, était accusé d'être de connivence avec l'Intendant, de ne pas se prêter à la réunion de l'Assemblée générale, afin de répondre aux vues de M. de Néville et surtout chose impardonnable, dans cette province jalouse de ses prérogatives, de ne pas se démettre de ses fonctions expirées depuis plusieurs mois et qu'il continuait à exercer de sa propre autorité.

Ce dernier point surtout était soumis à l'examen du Parlement, en le signalant comme étant un des premiers moyens d'enrayer l'effervescence. Il s'agissait... « d'obtenir de la cour un arrêt qui, en ordonnant l'exécution de ceux du Conseil du 3 juin 1660, 1769 et 1er mai 1772, enjoindra au Sieur Haramboure, syndic actuel du Pays d'avoir à convoquer dans la huitaine et dans les formes ordinaires les Communautés desdits pays pour leur donner la démission de son syndicat... Un tel arrêt donnerait au pays un syndic qui communiquerait avec lui, le mettrait en état de délibérer sur l'état critique des affaires actuelles ».

Il était dit décidément que les communautés du Labourd auraient à se battre contre tout le monde. En lutte ouverte contre l'Intendant de la généralité, contre le Commandant du Roi à Bayonne, elles devaient joindre à leurs adversaires leur propre syndic. Chaque partie devait d'ailleurs demeurer sur ses positions, même M. Haramboure, puisque nous trouvons ce dernier en charge jusqu'en 1789, malgré les difficultés qui lui furent suscitées au cours de son exercice. Elles ne cessèrent du reste pas après son départ et reprirent un nouvel élan en 1790 au sujet du paiement d'impositions arriérées. Cette querelle dépassant le cadre de notre étude, nous ne l'aborderons par conséquent pas, pour l'instant.

Le Parlement de Bordeaux, auquel toutes ces questions furent soumises, ne semble pas avoir apporté lui non plus de solution. Il y eut des enquêtes. Elles furent suivies d'un majestueux silence.

Le projet de réforme demeura donc en suspens. Des notes furent envoyées qui entretinrent l'humeur belliqueuse des Communautés et le pays continua à vivre comme par le passé, paisible en apparence, avec sa constitution non modifiée, chose en elle-même peu importante, puisqu'un ordre royal vint purement et simplement suspendre, jusqu'à nouvel ordre, toute réunion de l'Assemblée générale et supprimer ainsi ou tout au moins endormir la vie politique du pays. Sommeil trompeur qui cachait de nouveaux éclats de violence qui se feraient jour partiellement.

Sur ces entrefaites, M. de Néville fut appelé en 1785 à l'Intendance de Bordeaux et remplacé à Bayonne par M. de Boucheporn. Ce dernier était un homme juste et pondéré dont tous les soins et le zèle consistèrent à apaiser par la douceur et la persuasion les remous qui se produisaient, précurseurs d'un grand orage.

Dès son arrivée il put constater combien était grand dans le Labourd l'état de révolte latent. Cette violence croissait d'autant plus qu'elle trouvait un point de mire en la personne de M. Haramboure, syndic, qu'on pressait de tous côtés de réunir le Bilçar.

Sujet à nombre de menaces et inquiet pour lui et pour le pays dont il voyait la colère grandir tous les jours, mais ne pouvant néanmoins réunir l'Assemblée générale sans l'autorisation royale, le syndic écrivit plusieurs lettres à M. de Boucheporn pour lui en demander l'autorisation. Il y avait au début de 1786 d'autant plus d urgence que l'impôt dit de franc-fief, assujettissant les roturiers propriétaires de biens nobles à payer une contribution, venait d'être appliqué au pays Labourdin.

L'embarras de M. Harambourc devenait extrême et celui de l'Intendant n'était pas moins grand. Il le communiquait du reste à M. de Vergennes, le 1er août 1786, l'assurant qu'aux dires du syndic, la réunion du Bilçar était « . . . nécessaire pour discuter des projets très importants,.. » celui du franc-fief entr'autres contre l'assujettissement duquel il y avait de vives réclamations ».

M. de Boucheporn ajoutait, et ceci nous montre combien intraitables étaient les Labourdins lorsqu'ils étaient hostiles à une idée :

« ... Je suis instruit que les esprits sont si échauffés qu'ils ont menacé deux particuliers de brûler leurs maisons s'ils se portaient à en faire le paiement, que ces particuliers n'ont vu d'autres moyens pour éviter ou les poursuites de l'administration ou les menaces des gens du pays, que de payer secrètement les sommes qui leur étaient demandées ».

Et l'Intendant continuait : « . . . Je ne connais pas encore assez la constitution actuelle du pays pour apercevoir tous les inconvénients qu'il y aurait d'y apporter des changements trop prompts, mais ils me paraissent devoir être médités et peut-être serait-il dangereux d'en admettre aucun avant la première Assemblée, dans le cas où elle serait convoquée incessamment. »

Paroles très sages et qui nous montrent les qualités d'attentive prudence de M. de Boucheporn. Au reste, il est à prévoir qu'il avait été mis en garde par son prédécesseur pour qui les termes de la lettre du Contrôleur général du 27 janvier 1785 (1) avaient du refroidir le zèle pour les innovations et les mesures précipitées. Le nouvel Intendant terminait en avertissant le Ministre qu'il allait essayer de gagner du temps.

(1) Voir plus haut.

M. de Vergennes ne tardait pas et, le 17 août, répondait à M. de Boucheporn que M. de Néville avait du le mettre au courant des coutumes du pays et le priait de s'informer quel motif pressant nécessitait la réunion de l'Assemblée générale, après quoi, il lui transmettrait les ordres du Roi.

Cela fait, il communiqua la lettre de l'Intendant de Bayonne et la réponse qu'il y fit à M. de Calonne en lui disant : «... Il y a de vives réclamations relatives aux droits de franc-fief » et en le priant de prendre les mesures nécessaires pour terminer ces difficultés, qui « ... pourraient avoir encore des suites fâcheuses ».

On n'était pas très bien fixé en haut lieu sur le parti à prendre. Les administrations et Parlements provinciaux s'agitaient énormément, créant à côté de beaucoup d'autres, des embarras. Les lettres se transmettaient de Ministère à Ministère, chacun demandant des renseignements au département voisin et indiquant toujours au suivant qu'il existait, pour notre cas, un rapport documenté et des plus intéressants à étudier de M. de Néville.

Le 4 septembre 1786, M. de Calonne répondait au comte de Vergennes qu'il allait demander à M. de la Boulaye, chargé du département des domaines, les éclaircissements nécessaires et lui en faire part aussitôt.

Mais, ajoutait une note du contrôleur général « ... comme on doit présumer qu'il sera fort question dans le Bilçar de la levée des impositions et du régime du pays, sujet traité par M. de Néville, avec un projet d'arrêt qui devait servir aux acheminements à faire, on croirait très important d'avoir communication de ce projet d'arrêt, dont on n'a aucune connaissance, pour ensuite se concerter avec M. de Vergennes ».

Néanmoins, et en attendant communication de ce fameux arrêt, M. de Calonne, qui avait un faible pour les solutions bâtardes, sans faire défense à l'Intendant d'autoriser le Bilçar et sans le lui permettre, chose qui devait regarder M. de Vergennes auquel il en laissait la responsabilité, se rejettait uniquement sur le droit de franc-fief auquel « ... le pays n'a aucun droit qui l'exempte de cet impôt » et disait à M. de Boucheporn : « ... De nouvelles réclamations de la part du pays de Labourd ne pourraient contenir que les moyens dont on s'est déjà servi, aussi ce serait d'autant moins le cas de permettre la convocation d'un Bilçar que vous m'annoncez de la fermentation dans les esprits. Au surplus, il vous serait facile de faire connaître à cette Assemblée que le franc-fief est un droit domanial, qui n'a rien de commun avec les charges ordinaires , que les privilèges généraux du pays de Labourd ne parlent nullement de ce droit ».

Le pays devait du reste se passer des autorisations nécessaires. Enfreignant les défenses faites précédemment, le syndic ne put empêcher l'Assemblée générale de se réunir selon l'ancienne coutume. Nous savons par M. de Boucheporn, qui l'écrivit le 1er décembre 1786 à M. de Calonne, que tout s'y était passé avec ordre et tranquillité et qu'il n'y avait été question que de la reddition des comptes du syndic.

Lassé du provisoire qui se maintenait toujours et désireux d'assurer à la province une constitution qui lui procurât une existence calme et normale, l'Intendant demandait de nouvelles mesures en ajoutant avec sa prudence accoutumée, qu'il importait « ... de ne rien précipiter à ce sujet et de subordonner tout à une connaissance approfondie, que les circonstances ne lui avaient pas permis de prendre, du génie de leurs habitants, de leurs usages et de leurs besoins ». Il terminait en demandant communication du projet de M. de Néville, afin de s'en inspirer ou d'y apporter les corrections que son expérience pourrait lui suggérer.

Son attente devait être mise à l'épreuve. Il était dit que le fruit des réflexions de M. Le Camus de Néville aurait un mauvais sort, puisque déférant à la demande de M. de Boucheporn, M. de Calonne demanda à M. de Vergennes les pièces indiquées, sans qu'il lui fut jamais répondu. Le Labourd demeura ainsi dans l'expectative.

Lorsqu'on étudie même partiellement, comme nous l'avons fait, l'histoire de notre organisation provinciale à la fin du XVIIIe siècle, on demeure stupéfait de l'incurie gouvernementale. Alors que des Intendants, comme MM. de Néville et de Boucheporn, mettaient tous leurs soins à bien organiser leurs généralités, on ne trouvait en haut lieu que désordre et lenteurs. D'autres sujets, il est vrai, hantaient l'esprit des sphères dirigeantes : les gros nuages commençaient à s'amonceler et les difficultés financières croissantes devenaient formidables.

Dans les cartons du département de M. de Vergennes, le plan de réorganisation du Labourd sommeillait, lorsqu'une circonstance vint lentement, oh ! très lentement, le mettre au jour. Le 26 juillet 1787, l'Intendance de Pau et Bayonne fut démembrée et le Labourd rattaché à Bordeaux. M. de Néville, qui y était intendant, vit cette province revenir sous son administration. Il avait bien un peu aidé à cette adjonction à sa généralité, le Labourd lui tenant assez au cœur, puisque nous avons trouvé un projet de formation d'Etats qu'il remit le 8 mai 1787 au Contrôleur général sous le titre de *Mémoire sur la Généralité de Pau et Bayonne* (1). Sa sollicitude s'étendait donc toujours à son ancienne Intendance.

Dans ce mémoire où il préconisait la réunion de nombreux pays d'Etat ou abonnés, sous la dénomination d'*Etats d'Aquitaine*, il suggérait la formation immédiate de corps d'Etats plus réduits ... « parce qu'en général les grands corps d'Etats sont plus difficiles à gouverner » et indiquait la fusion utile de la Navarre, de la Soule, du Labourd, de l'Election des Lannes, et des Bastilles de Marsan,

(1) Voir à la partie « Documents » (B).

Tursan et Gabardan, sous le titre d'*Etats Généraux de Navarre*, avec Dax comme capitale possible.

Ce projet sourit au Contrôleur, qui chargea Néville d'en étudier la formation; mais la chute de Calonne en suspendit l'exécution.

Cette demande du Contrôleur général n'était pas, ainsi qu'on peut l'imaginer, un ajournement *sine die*. Son attention avait été éveillée et il étudia la constitution du pays; une note aide-mémoire du Contrôle Général nous apprend que la réunion du Labourd à l'Intendance de Bordeaux paraissait une circonstance favorable aux changements à faire au régime du pays qu'il serait même possible, ajoutait la note «... de réunir à Bayonne en une seule administration ».

La suite de cette suggestion fut une demande au baron de Breteuil, successeur de M. de Vergennes, du projet d'arrêt envoyé par M. de Néville. On devait lui reconnaître de grandes qualités, sans les bien posséder au juste, puisque tout le monde parlait de ce travail sans qu'on put mettre la main dessus. Cette fois un espoir fut donné.

Le Baron de Breteuil répondit le 26 Janvier 1788. Il envoyait les principales pièces concernant le pays du Labourd, soit les délibérations des communautés, en ajoutant :

... « Les arrêts pour les Assemblées particulières des Communautés ont été adoptés, mais avant de rien changer à l'Assemblée Générale et de priver les officiers du Bailliage d'Ustaritz des droits dont ils jouissaient, on a cru devoir les entendre; ils ont donné un mémoire qui paraît avoir été envoyé depuis à M. de Boucheporn avec d'autres pièces et instructions : j'ignore si ce magistrat en a fait la remise ».

Nous l'ignorons aussi, mais nous nous réjouissons d'avoir été plus heureux pour le découvrir que l'Administration centrale de 1788.

Cependant M. de Néville ne s'endormait pas. Le 6 mars 1789, à la veille de la réunion des Etats Généraux, il soumettait à M. Necker un nouveau mémoire sur les pays abonnés qui avaient été distraits de la Généralité de Bayonne en 1787 (1). Il rappelait ses suggestions passées et disait qu'en leur accordant la formation d'une assemblée provinciale, on heurterait le sentiment très developpé chez eux de leur indépendance. Il demandait donc qu'on leur accordât une forme d'administration qui se rapprochât à quelques égards du régime des Assemblées provinciales.

Le Ministre sembla approuver l'opportunité des mesures à prendre, puis d'autres soucis l'assaillant, il rejeta sur les Etats Généraux qui devaient se réunir dans peu de jours le soin de trouver et de préconiser l'organisation la meilleure.

Aucune solution ne devait intervenir : l'année 1789 allait mettre fin au fonctionnement de l'ancienne coutume du Labourd. La révolution avec le nivellement de toutes les provinces sous un même cadre administratif devait régler de façon définitive et supprimer les causes de l'effervescence Labourdine. L'idée de M. de Néville, désireux de créer à l'instar des projets de Necker en 1776, une Assemblée provinciale où les trois ordres seraient réunis, devait être généralisée dans toute la France et donner à notre pays une organisation nouvelle : celle des départements et districts. Le Labourd, si attaché à ses anciennes prérogatives, qui lui firent tenir en échec pendant longtemps l'autorité royale, devait les voir disparaître. Il allait perdre toute son originalité, pour ne former dans un département au nom nouveau, qu'une région non déterminée administrativement et où ne seraient conservés, comme dernier vestige du passé, que la langue et les mœurs particulières qui font de ce pays, encore aujourd'hui, un des plus représentatifs de l'ancienne France.

Maurice DUSSARP.

(à suivre)

(1) Voir aux documents (C).

DOCUMENTS

(A). *Projet de réglement de l'Assemblée du Labourd*

Le Roi étant informé que les Assemblées du pays de Labourd donnent souvent lieu à des difficultés qui empêchent d'y prendre des délibérations utiles, que par suite du défaut d'ordre et d'union dans ces Assemblées dont le principal objet devrait être de pourvoir à la répartition exacte et porportionnelle des impôts, il s'élève tous les jours des plaintes sur l'inégalité de cette répartition soit de la part des Communautés dont quelques unes sont tellement surchargées qu'il leur est impossible d'acquitter leurs impositions, soit de la part des contribuables qu'on impose suivant d'anciens cadastres devenus défectueux par les mutations arrivées dans les propriétés, en sorte que malgré les abonnements très favorables accordés à ce pays, il reste dû depuis nombre d'années des impositions, arréragées dont le paiement ne peut s'effectuer, S. M., considérant que de pareils abus sont aussi préjudiciables à l'intérêt de ses finances qu'à celui de ses peuples a jugé, en conservant au Labourd l'avantage dont il jouit comme pays abonné de s'imposer lui-même, qu'il serait nécessaire d'établir un nouvel ordre d'administration et à cet effet convoquer une Assemblée dont elle réglera provisoirement la forme en permettant aux membres qui la composeront de lui proposer les moyens qu'ils croiront les plus propres à préveni les abus qui ont nui jusqu'à présent à la liberté et au succès des délibérations. Elle a jugé en même temps que la ville de Bayonne étant la capitale du Labourd devait naturellement être le siège des Assemblées et qu'en réunissant l'Administration de cette ville avec celle des autres villes et Communautés, il en résulterait plus de facilités pour combiner et diriger les vues de leur commerce et leur industrie vers le bien général du pays. A quoi, voulant pourvoir ouï le rapport du Sr. Lambert le Roi étant en son Conseil a ordonné et ordonne ce qui suit :

ART. 1er.

La Ville de Bayonne, le bourg de Saint-Esprit et les autres villes et communautés du pays de Labourd seront désormais réunis pour ne former qu'un seul et même corps d'administration dont les assemblées générales se tiendront chaque année dans la Ville de Bayonne. Fait Sa Majesté, défense de tenir aucune Assemblée Générale si ce n'est par son ordre et en la forme qui sera réglée ci-après jusqu'à ce qu'il en soit autrement ordonné.

ART. II

L'Assemblée Générale sera composée de députés choisis dans les trois ordres du clergé, de la Noblesse et du Tiers-Etat; savoir 9 du clergé et 15 de la Noblesse qui seront réunis, et le Tiers-Etat sera formé des deux premiers officiers municipaux de chaque ville et les Maires-abbés de chacune des communautés qui ont droit de députer aux Assemblées Générales du pays. L'Evêque diocésain sera président de cette Assemblée, s'il est présent, mais en son absence l'Assemblée choisira son président dans l'ordre du clergé et de la Noblesse.

ART. III

Pour parvenir au choix des députés chaque ordre s'assemblera séparément la veille de l'Assemblée Générale dans la dite ville de Bayonne, savoir le clergé au Palais Episcopal, la Noblesse à l'Hôtel du Commandant de Bayonne et le Tiers-Etat à l'Hôtel de Ville. Auront entrée à l'Assemblée préalable de chaque ordre tous ceux qui pourront être députés à l'Assemblée Générale.

ART. IV

Les députés du clergé seront choisis parmi les prieurs, doyens, chanoines et curés résidants dans le territoire du Labourd. S'il s'élève des difficultés, le Sr Evêque de Bayonne en sera juge. Il sera fait un tableau des députés élus.

ART. V

Aucun noble ne pourra être député à l'Assemblée Générale s'il ne justifie qu'il est âgé de 25 ans accomplis, que son bisaïeul était noble ou avait été annobli soit par la possession d'une charge conférant noblesse, soit par lettres du Roi et qu'il paie au moins 100 L d'impositions dans le pays. Les 15 députés seront élus au scrutin parmi ceux qui auront fait les dites preuves et leurs noms seront inscrits sur le tableau pour faire corps avec les députés du clergé. S'il s'élève des difficultés sur les qualités requises, le Commandant de Bayonne en sera juge provisoirement, sauf à en être rendu compte s'il y a lieu, au Commissaire que S. M. nommera pour faire l'ouverture de l'Assemblée Générale.

ART. VI

Les députés du Tiers-Etat seront le Maire ou Lieutenant de Maire de Bayonne qui présidera son ordre, un jurat de la même ville et un autre du bourg de Saint-Esprit qui n'auront entre eux qu'une voix, le Maire et un jurat de Saint-Jean-de-Luz qui n'auront aussi qu'une voix et en cas de partage leurs voix ne seront pas comptées, les Maires-abbés des communautés qui ont droit d'assister aux assemblées Générales du Labourd. Chaque Maire ou jurat ou Maire-abbé sera tenu de justifier du titre qui le constitue officier municipal. Le Maire de Bayonne ou son Lieutenant général jugera si ces titres sont en règle. Les noms des députés seront inscrits sur un tableau qui exprimera aussi le nombre de feux de chaque communauté.

Art. VII

L'Assemblée Générale se tiendra en l'Hôtel de Ville de Bayonne au jour qui sera indiqué par le Roi. Il sera placé au fond de la salle destinée à cet effet, deux fauteuils, l'un à droite pour le Commissaire de S. M., l'autre à gauche pour le Président de l'Assemblée. Les membres du clergé seront à droite et garderont entr'eux l'ordre accoutumé de leur séances. Les gentilshommes seront à gauche et siégeront sans préséance de rang ni de qualité. Les membres du Tiers-Etat seront en face et siégeront aussi sans aucune préséance; en cas de difficultés on suivra l'ordre de l'inscription sur les tableaux, tant pour le clergé et les gentilshommes que pour les membres du Tiers-Etat.

Art. VIII

Aussitôt que l'Assemblée sera formée, elle procèdera à la nomination de deux syndics généraux et d'un secrétaire; l'un des deux syndics sera pris parmi le clergé ou la Noblesse; l'autre dans le Tiers-Etat, l'Assemblée pourra continuer le syndic général en exercice. Il y aura au milieu de la salle un bureau autour duquel seront assis les syndics et autres officiers de l'Assemblée.

Art. IX

Après la nomination des officiers désignés en l'article précédent, le Président nommera deux membres, l'un du clergé ou de la noblesse l'autre du Tiers-Etat pour aller inviter le Commissaire du Roi à se rendre à l'Assemblée. Le Commissaire du Roi arrivé à l'Hôtel de Ville sera reçu au pied de l'escalier par les deux syndics généraux et en haut de l'escalier par quatre autres membres également choisis par le Président. Tous les membres de l'Assemblée seront debout et découverts lorsque le Commissaire du Roi y entrera. Après qu'il aura notifié les ordres de S. M.., il sera reconduit avec les mêmes honneurs et par les mêmes députés.

Art. X

L'Assemblée sera tenue de délibérer sur les demandes du Roi avant tout autre objet et si elle nomme un commissaire pour les examiner elle chargera le commissaire de lui rendre compte de leur travail au plus-tard dans la huitaine. Aussitôt que les délibérations relatives auxdites demandes seront prises, deux députés, l'un du clergé ou de la noblesse, l'autre du Tiers-Etat iront les porter au Commissaire du Roi.

ART. XI

Il pourra être nommé des commissions particulières pour régler l'assiette des impositions entre les Communautés, dresser les rôles, pourvoir à la révision et réforme des anciens cadastres, entendre les comptes du Trésorier, traiter des objets de commerce et autres qui intéressent le pays, à l'effet d'en rendre compte à l'Assemblée qui délibérera sur chaque objet.

ART. XII

Il ne pourra être fait aucune proposition à l'Assemblée si elle n'a été préalablement communiquée au Président. Il ne sera permis à personne d'interrompre celui qui fera une proposition ou qui opinera, et chacun sera tenu d'opiner à son tour librement et paisiblement.

ART. XIII

Le Clergé et la Noblesse délibèreront conjointement et le Tiers-Etat séparément. Les délibérations seront prises dans chaque corps à la pluralité des voix. Si les délibérations des deux corps se réunissent elles formeront celle de l'Assemblée, si elles ne peuvent s'accorder il sera nommé des commissaires conciliateurs et si ces commissaires ne peuvent concilier les avis, il en sera référé au commissaire du Roi ou au Conseil de S. M. pour vider le partage.

ART. XIV

La répartition des impositions entre les communautés se fera relativement au nombre des feux dont chacune d'elles est composée; il sera dressé à cet effet un état général en deux chapitres, l'un des impositions à lever pour le Roi; l'autre celles destinées aux dépenses particulières du pays pour servir le dit Etat à la confection des rôles lesquels seront arrêtés par l'Assemblée et il en sera fait un relevé desdits pour être visé ainsi que l'Etat général par l'Intendant de la Province; les rôles seront ensuite remis au Trésorier et par celui-ci les Billettes ou mandements envoyés sans délai aux communautés.

ART. XV

Pour procéder à la répartition des sommes contenues aux dits mandements, les officiers municipaux de chaque communauté seront tenus de se conformer à l'arrêt du Conseil du 1er Mai 1772 portant réglement pour la répartition et recouvrement des impositions du

Labourd. Entend S M. que ledit règlement soit exécuté selon sa forme et teneur en tout ce qui n'y sera pas dérogé par le présent arrêt.

Art. XVI

Les Communautés pourront employer en moins imposé ce qui leur restera de leurs revenus patrimoniaux ou d'octroi, après que toutes les charges auxquelles ces revenus sont destinés auront été acquittées et sur la permission qu'elles seront tenues d'en obtenir de l'Intendant de la Province, à peine contre les officiers municipaux d'en répondre en leur propre et privé nom.

Art. XVII

Les officiers Municipaux ne pourront être chargés de la recette soit des impositions, soit des revenus de leurs communautés, dérogeant quant à ce, à l'arrêt du Conseil du 1e Mai 1772, ordonne S. M. que dans les communautés où ces officiers ont été chargés de ladite recette, il sera nommé un trésorier ou collecteur pour faire à l'avenir la perception, et les officiers Municipaux qui l'auront faite par le passé, seront tenus d'en rendre compte au corps Municipal ensuite par devant l'intendant de la Province et ce dans six mois au plus-tard, à peine d'être poursuivis comme pour le recouvrement des deniers royaux.

Art. XVIII

L'Assemblée procèdera à la nomination d'un trésorier du pays dans les mains duquel seront versés les deniers provenant des impositions tant royales que provinciales et avant de procéder à ladite nomination l'Assemblée délibèrera : 1o — le traitement qui sera assigné au dit trésorier, en le réglant à ses gages fixes sans taxations. 2o — le montant de la caution qu'il sera tenu de fournir. 3o — les charges qui lui seront imposées et spécialement celles de ne pouvoir être en même temps syndic général et de compter à chaque assemblée par Etat au vrai de toutes les impositions de l'année précédente et sera la délibération portant nomination dudit trésorier envoyée au Conseil par les syndics généraux pour y être appouvée.

Art. XIX

Permet à S. M. à l'Assemblée de délibérer telles sommes qu'elle jugera nécessaires pour appointements, gages, gratifications et dépenses imprévues, mais les délibérations ne pourront être exécutées qu'après avoir été autorisées par S. M. à l'effet de quoi elles seront adressées au Conseil par les syndics généraux pour en recevoir l'homologation.

Art. XX

L'Assemblée pourra nommer une commission intermédiaire pour suivre les affaires et exécuter la délibération jusqu'à ce qu'il soit convoqué une autre Assemblée. Cette commission sera composée du Président de l'Assemblée, de deux membres du clergé, deux membres de la noblesse, quatre membres du Tiers-Etat et des deux syndics qui n'auront qu'une voix entr'eux, et s'ils sont d'avis différents, leur voix ne sera pas comptée. Le Président, en cas de partage aura la voix prépondérante. Il se tiendra deux séances au moins par mois et il faudra cinq membres dont un du clergé et un de la noblesse pour faire délibération. Les syndics ne pourront s'absenter tous deux en même temps.

Art. XXI

Le présent réglement n'étant que provisoire, le Roi autorise l'Assemblée à lui proposer les observations et représentations qu'elle croira convenables, soit relativement à la constitution du pays, soit en égard aux abus qui restent à reformer et au meilleur ordre à établir. S. M. les fera examiner en son Conseil pour y statuer ainsi qu'elle avisera bon.

Art. XXII

A la dernière séance de l'Assemblée, laquelle ne pourra excéder le terme d'un mois, il sera fait lecture des délibérations prises dans les précédentes séances. Lesdites délibérations seront signées par le Président et deux membres de chaque ordre et il en sera remis un double au Commissaire du Roi, lequel sera invité à venir faire la clôture de ladite Assemblée en observant le même cérémonial que pour l'ouverture.

Art. XXIII

Déroge S. M. à tous les réglements contraires aux dispositions du présent arrêt, lequel sera exécuté jusqu'à ce qu'il en soit autrement ordonné, et à cet effet lu à l'Assemblée et inscrit sur les registres des délibérations tant de l'Assemblée générale que des villes et communautés du Pays.

(B). *Mémoire sur la généralité de Pau et de Bayonne*

(Remis le 8 Mai 1787)

M. de Néville à M. le Contrôleur général,

...On pourrait laisser quant à présent, subsister les Etats de Béarn tels qu'ils sont et former trois corps d'Etats des autres pays en faisant les réunions qu'on va proposer :

1°— Réunir la Navarre, la Soule, le Labourd, l'Election des Lannes les Bastilles de Marsan, Tursan et Gabardan et le Mont-de-Marsan pour en composer un corps d'Etats sous le titre d'*Etats Généraux de Navarre.* On propose d'y joindre l'Election des Lannes parce qu'elle se trouve entre le Labourd, le Béarn, et les Bastilles et qu'elle sert, comme l'on dit à vivifier les autres pays de la Généralité. On ne pourrait l'attacher à une autre administration sans faire un tort réel à tous ces pays. La ville Dax qui en est la capitale était autrefois ville abonnée et c'est celle qui conviendrait le mieux par sa situation au centre, pour y fixer l'Assemblée des des nouveaux Etats, mais il ne faut pas la désigner expressément. Il paraît plus convenable de se réserver le choix du lieu, en déclarant que les Etats seront présidés par l'Evêque dans le diocèse duquel se tiendront les Etats, afin de pouvoir faire tomber le choix sur le Prélat qu'on jugera le plus capable. Il y aurait trois évêques pour les nouveaux Etats, savoir Bayonne, Dax et Aire. On y joindrait sept autres membres du clergé, quinze gentilshommes ayant 100 ans de noblesse et payant au moins 200 livres d'impositions, 25 députés des villes et communautés pour le Tiers-Etat, deux syndics généraux, l'un de la noblesse et l'autre du Tiers-Etat, dont les fonctions finiraient au bout de 3 ans; chaque Assemblée se tiendrait tous les ans suivant l'usage des autres Pays de la Généralité et ne durerait que 15 jours, en laissant néammoins à chaque pays la faculté de tenir des Assemblées particulières ou Assiettes pour fixer les objets qui devraient être portés à l'Assemblée Générale et nommer leurs députés à cette assemblée, chaque ordre choisirait son Président, excepté celui du clergé qui serait toujours nommé par le Roi comme devant présider les Etats.

....

(C). *Mémoire sur les pays abonnés qui ont été distraits de la généralité de Pau et de Bayonne en 1787*

Remis par M. de Néville le 6 Mars 1789.

... L'exposé qu'on vient de faire des constitutions du Labourd du Mont-de-Marsan et des Bastilles de Marsan, annonce assez que ces constitutions sont vicieuses et qu'il faut par conséquent les réformer. Est-ce par la formation d'une Assemblée provinciale qu'on y parviendra? On a vu que déjà l'administration du Marsan témoigne ses inquiétudes sur le seul bruit qui s'est répandu d'un pareil établissement et comme elle conserve encore le titre et une partie des attributs des pays d'Etats, il paraît difficile de l'en priver pour lui donner une constitution moins analogue à son existence actuelle, on a vu d'un autre côté que M. de Néville sent tout le danger des innovations vis-à-vis du Labourd dont le peuple est naturellement inquiet et jaloux de ce qu'il appelle ses privilèges. D'ailleurs le Labourd est trop voisin des frontières d'Espagne, pour ne pas craindre que le mécontentement ne porte ses habitants à quelque insurrection dont ils peuvent se promettre l'impunité par la facilité de s'expatrier. Dans un pays coupé de montagnes, comme le sont tous ceux qui bordent les Pyrénées, la force est impuissante pour empêcher les désertions et l'Espagne sait aujourd'hui mettre à profit ces moments d'agitation pour attirer à elle nos ouvriers, nos manufactures et les productions les plus utiles de notre sol.

On pense donc qu'il serait d'une sage politique de ne pas présenter à ces peuples la forme d'une Assemblée provinciale qui peut effaroucher les esprits par cela seul qu'elle leur offrirait l'idée d'une assimilation aux pays d'élection dans le reste du Royaume mais en maintenant leur privilège de Pays d'Etats ou abonnés, on pourrait leur donner une forme d'Administration qui se rapprocherait à quelques égards du régime des Assemblées provinciales. Le plan en fut proposé dès l'année dernière, et l'on agita si l'on établirait les quatre Pays en un seul corps d'Etat et même s'il ne serait pas à propos d'y réunir l'Election des Lannes qui est limitée par le Labourd d'un côté et le pays de Marsan de l'autre, en sorte qu'il serait difficile de soumettre ces pays à une même Administration sans y joindre l'Election des Lannes qui les divise. La réunion paraît d'autant plus convenable que tout le commerce des Lannes se fait par la ville de Bayonne et par celle de Mont-de-Marsan, qui servent l'une et l'autre d'entrepôt pour tout le canton et qui se communiquent par la rivière de l'Adour, laquelle se réunit avec la Midouse.

Cependant on ne saurait dissimuler que ce projet qui a transpiré parce qu'on a demandé des éclaircissements qui y ont rapport a déjà donné lieu à des représentations notamment de la part des Administrations du Mont-de-Marsan qui prétendent que l'Election des Lannes est une contrée fertile qui contrasterait avec la stérilité de leur territoire presque tout en landes. Suivant eux, l'opposition que la nature a mise entre leurs intérêts respectifs ne peut que troubler l'harmonie de leur existence politique et leur devenir funeste.

On a peine à concevoir comment la réunion avec un pays fertile pourrait être funeste à celui qui l'est moins. Il semble au contraire qu'il n'en doit résulter qu'un avantage réel en faveur de ce dernier, qui trouverait plus de facilité et de ressource pour le débit de ses denrées.

Mais ce n'est pas seulement du Mont-de-Marsan qu'on peut éprouver de la résistance; on en doit craindre également de la part des officiers du Bailliage d'Ustaritz pour le Labourd. M. le Baron de Breteuil a informé que ces officiers avaient envoyé un mémoire pour réclamer leur droit de convoquer les Assemblées et qu'ils se sont en outre adressés au Parlement de Bordeaux qui pourrait bien vouloir le soutenir.

Le droit des officiers du Bailliage d'Ustaritz est fondé comme l'a observé M. de Néville sur l'arrêt du 3 juin 1660 lequel a été rendu à la suite d'émeutes survenues au sujet de l'élection d'un syndic. Cet arrêt dont on s'est procuré copie rétablit le syndic et les officiers du Bailliage dans les fonctions de leurs charges et la possession de leurs biens, ce qui suppose qu'ils en avaient été dépouillés par voies de fait et irrégulières. Il défend en outre d'assister aux Assemblées *en armes*, de faire aucune imposition et levée de deniers sans une commission et lettres patentes du Roi etc. Ces dernières dispositions confirmées depuis par d'autres règlements peuvent subsister, mais celles relatives au Bailliage paraissant avoir été produites par des circonstances du moment peuvent être révoquées par un autre arrêt qui, sans même parler expressément de celui de 1660, établirait un nouvel ordre en *dérogeant à tout règlement contraire*. Comme le nouveau règlement pourvoyerait en même temps à la réforme des abus qui proviennent de l'inégalité de la répartition, de l'inexactitude des cadastres, et en général, de la mauvaise administration des Officiers Municipaux qui, comme on l'a dit, perçoivent les deniers; le Bailliage d'Ustaritz, ni le Parlement de Bordeaux ne peuvent pas s'opposer à ce que le Roi s'occupe d'une réforme aussi nécessaire au bien de ses finances, et au bon ordre qu'il importe de maintenir dans le pays. La crainte de leurs réclamations doit seulement engager à prendre toutes sortes de précautions pour les prévenir et c'est sans doute une raison de plus pour ne pas employer la voie d'une

Assemblée provinciale, puisqu'on sait que le Parlement de Bordeaux ne veut pas reconnaître cette forme d'administration. C'est peut-être aussi un motif pour ne pas suivre en ce moment le projet de réunion de l'élection des Lannes avec le Labourd, mais sans renoncer à cette idée qu'on reprendrait dans d'autres circonstances, on pourrait se borner quant à présent à former deux corps d'Etats particuliers l'un du Labourd et de la ville de Bayonne, l'autre des Bastilles de Marsan, du Mont-de-Marsan et de sa banlieue.

On a déjà dit plus haut que M. de Néville avait envoyé un projet d'arrêt pour le Labourd et que ce projet se réduisait à faire convoquer une *Assemblée Générale* pour nommer 8 ou 9 députés qui seraient chargés de travailler à un règlement.

On doute qu'une Assemblée Générale qu' n'aurait pas d'autres objets, remplisse le but qu'on se propose. Outre que cette Assemblée pourrait devenir très tumultueuse dans un pays dont les têtes sont faciles à s'exalter. Doit-on se flatter qu'elle consentirait à confier les intérêts du pays à 8 ou 9 personnes et qu'en tout cas ces 8 ou 9 personnes entreraient dans les vues du gouvernement pour la rédaction du règlement.

M. de Néville pense que si le roi changeait par sa seule autorité l'ordre qui subsiste, le Pays n'y verrait qu'un attentat contre sa liberté et il est d'avis de lui ouvrir la voie de se reformer lui-même.

Il semble qu'on parviendrait plus sûrement au même but, en rendant un règlement qui autoriserait l'Assemblée d'un certain nombre de Députés éligibles dans les trois ordres et qui établirait provisoirement les bases de la nouvelle constitution en permettant aux députés de faire telles observations et représentations qu'ils jugeraient utiles au bien du pays. Ce règlement n'étant que provisoire ne gênerait pas la liberté et n'empêcherait pas qu'on y fit ensuite des changements, s'il y avait lieu, d'après les observations des députés.

On croit convenable de laisser entièrement libre le choix des députés, mais pour éviter le trouble qui pourrait naître d'une Assemblée trop nombreuse, si l'on admettait tous ceux qui prétendent avoir droit d'y assister, on propose, en convoquant les trois ordres de déterminer les qualités nécessaires pour y avoir entrée, et en outre, d'ordonner que chaque ordre s'assemblera d'abord séparément pour nommer ses députés, savoir le clergé au Palais Episcopal, la noblesse à l'Hôtel du Commandant de Bayonne et le Tiers-Etat à l'Hôtel commun de cette ville.

Comme l'usage des Pays d'Etats est d'avoir un évêque pour président, on peut conférer cette qualité à l'Evêque de Bayonne mais sans lui donner le *titre de Président* né et en laissant la liberté de choisir un autre Président dans le clergé ou la noblesse, si l'évêque est absent lors de l'Assemblée.

Quant au nombre de députés à choisir dans chaque ordre il pourra être fixé à 9 pour le clergé qui est peu considerable dans le pays et à 15 pour la noblesse, en n'admettant que des Gentilshommes âgés de 25 ans qui pourront justifier que leur trisaïeul était noble et qu'ils payent au moins 50 livres d'impositions (1).

Le Tiers-Etat serait composé du Maire de Bayonne ou de son Lieutenant, d'un jurat de la même ville, d'un autre jurat du Bourg du Saint-Esprit qui n'aurait qu'une voix avec celui de Bayonne, du Maire et d'un jurat de la ville de St-Jean de Luz, qui n'auraient aussi qu'une voix entre eux, du syndic général du Labourd et des Maires-abbés des 35 communautés qui ont droit de députer au Bilçar. Comme ce droit est un des privilèges auxquels le Pays est le plus attaché, on croit nécessaire d'admettre ces 35 maires non seulement à l'assemblée particulière du Tiers-Etat; mais même à l'Assemblée des Députés.

On a hésité, si pour établir l'égalité de voix avec les 24 membres du clergé et de la noblesse, on ne réduirait pas à 24 le nombre des votants du Tiers-Etat, en règlant que les Maires, abbés des moindres communautés n'auraient qu'une voix à deux, comme cela se pratique dans quelques Pays, mais on a craint de trop fortes réclamations et peut être des troubles qui nuiraient au succès de l'Assemblée et l'on croit préférable d'adopter l'usage du Béarn où il n'y a que deux corps, l'un du clergé et de la noblesse, l'autre du Tiers-Etat, de manière qu'il faut que les deux corps se réunissent pour former délibération des Etats, si non il y a partage sur lequel on réfère au commissaire du Roi, ou au Conseil.

Le règlement permettra aussi de nommer deux syndics, un Trésorier, un secrétaire et d'établir une Commission intermédiaire.

On joint ici le projet de ce règlement, en observant qu'il avait été approuvé de M. Lambert et de M. d'Ormesson et même de M. le baron de Breteuil a qui il a été communiqué, mais l'exécution en est restée suspendue, parce que M. Lambert a voulu en conférer avec M. l'archevêque de Sens qui n'a pas donné de solution. On propose de le reprendre comme devant rétablir l'ordre dans un pays où M. de Néville et M. de Boucheporn conviennent que les abus se perpétuent et se multiplient. D'ailleurs comme il est question en ce moment d'élire des Députés pour les Etats Généraux, il sera nécessaire, pour cette élection d'assembler le Bilçar et s'il s'assemble selon l'ancienne forme, on doit s'attendre à beaucoup de troubles, vu l'agitation géné-

(1) Dans le projet qu'il avait établi précédemment il exigeait le paiement de 100 livres d'impositions.

rale qui sera peut être encore plus vive dans le pays où M. de Néville dit que les débats se terminent presque toujours par des coups de fusil, au lieu qu'en suivant la nouvelle forme il y a lieu d'espérer plus de concert et de tranquillité, et l'on pourrait ajouter au projet de réglement quelques articles pour diriger l'élection des Députés d'après le résultat du Conseil du 27 décembre dernier.

On observera au reste que la constitution proposée ne doit pas nuire à un plan plus étendu qui a été annoncé dès 1783 et qui consiste à réunir les différents pays d'Etats en Abonnés, de l'ancien Domaine de Navarre en un seul corps d'Etat, mais on observera en même temps d'après la connaissance du caractère des habitants, qu'il sera bien difficile de les faire renoncer à leur constitution particulière et l'on croit qu'il serait à propos de la leur conserver, à l'instar des Assemblées de districts dans les Asemblées provinciales, en établissant un corps d'Etat principal auquel les Etats particuliers enverraient un certain nombre de députés pour se concerter sur les objets d'administration qui leur sont communs, sur les communications des chemins, les relations de commerce et d'industrie, la contribution aux impôts selon les forces respectives de chaque pays. Il faudra seulement réformer ceux de ces petits Etats dont la constitution est vicieuse. C'est dans cet esprit qu'on a rédigé le règlement pour le Labourd et Bayonne, le même règlement, s'il est approuvé, pourra servir pour les Etats de Marsan et même pour l'Election des Lannes, sauf les changements que les circonstances locales nécessiteront.

On attendra pour s'en occuper que le Ministre ait donné sa décision sur le projet ci-joint.

(Document A)

Maurice DUSSARP.

Pièces du Ministère des Affaires Etrangères sur l'Etablissement de la franchise à Bayonne et les troubles de Labourd

---

Communiquées par **M. Edmond M. LÉVY**, bibliothécaire à la Sorbonne (archives aff. Etrang. N° 1589. — France, petit fonds. N° 1589 — P. F. Guyenne 166 — 1777 — 1786).

a) Folio 335. Extrait d'une lettre de M. de Néville à M. Dupont de-Nemours, conseiller d'Etat, l'un des négociateurs du traité de 1783, d'où l'intérêt qu'il porte à la franchise du port de Bayonne.

b) Fol. 336-337. Rapport de M. de Néville. Ce n'est malheureusement qu'une lettre écrite en hâte.

c) Fol. 338. Mémoire de M. Dupont.

d) Fol. 339. Lettre de M. Dupont.

e) Fol. 340-341. Décision du Contrôleur général.

f) Fol. 342. Deux projets de lettres (sans doute de M. Dupont).

g) Fol. 343 et 345. Lettres du duc de Mouchy, gouverneur de Guyenne.

La copie reproduit fidèlement les textes avec leur orthographe et leur ponctuation.

Ces pièces sont contenues dans un recueil rélié, qui comprend la correspondance du Ministère des Affaires Etrangères intéressant la Guyenne de 1777 à 1786.

La correspondance d'Espagne est une source précieuse pour l'histoire de Bayonne dans ses relations avec l'histoire générale.

Il y aurait intérêt à publier méthodiquement dans notre Bulletin les parties de cette correspondance où il est question de notre ville.

(Extrait d'une lettre de M. Edmond M. Lévy, de Paris le 4 avril 1918).

---

a) *Joint à la lettre de M. Dupont au Me de Vergennes du* 9 *septembre* 1784.

Copie d'une lettre de M. de Néville à M. du Pont du 31 *août* 1784.

L'heure, les détails, l'approche du moment fatal, tout se réunit, Monsieur, pour ne me permettre que de vous remercier de votre diligence et puis encore etc., etc.

Lisez je vous prie à Monsieur le Contrôleur général la lettre ci-jointe que je n'aie pas relue, et renvoyez m'en copie.

Nous avons indispensablement besoin d'un arrêt, car sur l'enregistrement il n'y faut pas compter, et je ne sais pas comment je vois tenir la mer, qui se mutine, sans loi pour gouvernail. Au moins envoyez-en une bien vite. On y retouchera ensuite poste par poste. Mais quand le feu est à la maison il faut toujours apporter ce qu'on a d'eau.

Tout n'est pas perdu cependant, mais je ne comptois pas sur la chaleur que je trouve, et sur les petits moyens que l'on emploie.

M. d'Ogui m'envoye comme je l'en avais prié mes lettres à Pau quelqu'adresse que l'on y mette. Comme ce moment-ci ne soufre pas de retard, voulez-vous bien lui faire écrire par le Ministre de n'en pas faire changer l'adresse afin qu'elles parviennent à Bayonne.

J'ai déjà été obligé de faire recourir après deux ou trois fois après par la maréchaussé.

Je vous prie d'instruire de tous les détails M. le Comte de Vergennes auquel je n'ai pas le temps d'écrire.

Vous connaissez les sentiments etc., etc.

b) *Joint à la lettre de M. Dupont du 9 septembre* 1784.

Minute de la Lettre de M. De Neville, Intendant de Bayonne, à M. le Contrôleur Général.

Du 31 Août 1784.

Monsieur,

J'ai reçu ce matin à 6 heures et demie le courier qui m'a apporté votre lettre en date du 27 de ce mois. Je n'ai pas cru devoir annoncer au commerce ce que contenoient les ordres que j'ai reçus, parce que le courrier de Bordeaux part ce soir, et qu'il est au moins inutile que le parti de l'opposition qui a écrit au Parlement, à ce que me marque M. le Maréchal de Mouchi, une lettre souscrite de 110 signatures pour s'opposer à l'Enregistrement, ait le tems d'écrire de nouveau pour instruire que sans attendre cet Enregistrement on passe outre à l'établissement de la franchise. J'ai cru devoir garder également le secret vis-à-vis de MM. d'Amou et de Caupenne commandant de la Place, quoiqu'ils m'aient demandé si je ne désirois pas que l'on changeat quelque chose aux consignes pour assurer le service de la Ferme Générale. Mais comme M. de Caupenne avoit fait avant mon arrivée une démarche plus que légère qui a pensé soulever le Pays de Labourt et qui m'a forcé de prendre les ordres de M. de Vergennes; et que d'un autre côté le père et le fils ont, si j'en crois les avis que j'ai reçus, des liaisons intéressées avec M. de Bretoux négociant fort riche et l'un des chefs du parti de l'opposition, je n'ai pas voulu leur communiquer un secret qui eût pu cesser d'en être un dès qu'il leur auroit été confié.

Les mêmes motifs m'ont porté à recommander beaucoup de discrétion à M. de Moncloux; et, comme il avoit cependant besoin de donner dans l'instant des ordres à tous les emploiés pour qu'ils évacuent dès aujourd'hui les postes de l'intérieur du Labourt, il leur a enjoint d'aller recevoir leurs ordres à St-Jean-de-Luz, dont le courier est déjà parti; ainsi ils seront instruits à tems sans que Bordeaux puisse l'être.

Dès que le courier sera parti j'irai prévenir le Commandant afin que, ce soir, à l'ordre, les consignes nécessaires soient donnés, et je lui dirai que si je ne l'ai pas instruit plutôt il doit l'attribuer à mes instructions que me défendoient de m'expliquer avant ce moment.

Les petites émeutes, que l'on a voulu susciter hier et avant-hier et qui n'ont donné lieu, comme elles étoient déguisées en députation de poissardes, qu'à quelques mauvaises plaisanteries que j'ai faites et que j'ai accompagné de beaucoup de bonnes paroles, m'ont déterminé pour arrêter les progrès, à déclarer ce matin au Président de la Chambre de Commerce que j'autorisois la Chambre à déclarer au Commerce que dans le nombre des mémoires qui m'avoient été remis j'en avois distingué plusieurs que la bonne foi n'avoit pas dictés et que je savois d'un autre côté que l'on avoit suscité l'humeur des détaillans par des avis peu fidèles et que les instigateurs ne m'étoient pas inconnus, que je voulois qu'on sût que je recevrois avec beaucoup de plaisir et que j'appuierois fortement les réclamations des négocians honnêtes qui ne chercheroient qu'à éclaircir leurs doutes et qu'à concilier leurs intérêts avec ceux de l'opération générale, mais que s'il en étoit qui ne cherchassent qu'à élever des difficultés et à susciter des obstacles ils ne devoient pas compter sur mon silence, que je laissois à leur prudence de calculer s'il ne leur importoit pas de ne pas faire connoitre une seconde fois leurs noms, et que quelqu'assuré que je fusse que dans une opération toute de bienfaisance l'administration désiroit ne faire connaître que la bonté du Roi, je devois les avertir que si l'on rendoit nécessaire l'exercice de sa justice, les exemples de sévérité seroient assez rigoureux pour que l'on fut dispensé de les multiplier.

On a tellement effrayé les marchandes de poisson que toute la morue et la sardine ont été transportées fort loin dans l'intérieur du pays : On n'a eu d'autre objet que de faire manquer le marché d'après-demain. Le corps de Ville va y pourvoir; mais chaque moment rend la vigilance plus nécessaire.

Je vous demande mille pardons de mon griffonage, Monsieur, mais je n'ai pas le tems de faire recopier ma lettre, ni même d'en garder de minutes. Il seroit bien nécessaire de tenir prêt l'arrêt du conseil qui tiendra lieu de Lettres-patentes; car nous ne pouvons pas aller sans une loi publiée : et il ne faut pas compter sur le Parlement qui a renvoie en stile très-intelligible les Lettres Patentes aux Commissaires (1).

J'aurai l'honneur de vous adresser encore par le courrier

(1) Les mots aux « commissaires » sont soulignés dans le texte.

de samedi quelques observations. Mais je vous demande en grace de nous adresser toujours l'arrêt, sauf à réformer ensuite par des arrêts interprétatifs, et quelque fois même par des décisions quand cela n'intéressera que la Ferme.

Je suis avec respect,

Monsieur,

Votre humble et très obéissant serviteur.

(*pas de signature*).

c) *Joint à la lettre de M. Dupont au* Me *Vergennes du* 9 7bre 1784.

Les sieurs de Breitous et de La Serre négocians de Bayonne ont fait répandre il y a six mois à Paris par le sieur du Clerc un libellé contre le projet de franchise de Bayonne, libelle qui montre la plus grande ignorance de ce dont il était question.

Depuis que les lettres Patentes sont à l'enregistrement et quoiqu'on leur eut fait communiquer extrajudiciairement par le sieur du Clerc les principales dispositions de cette loi bienfaisante et entre autres celle qui emporte la confirmation de tous les privilèges dont leur ville a joui sous les deux derniers règnes, ils ont sous de faux exposés mendié cent huit signatures la plupart de petits marchands détailleurs et au lieu de s'en servir pour appuyer auprès du Gouvernement des représentations qu'ils auraient cru nécessaires, il les ont mises au bas d'une lettre qu'on a répandue chez les principaux membres du Parlement de Bordeaux pour engager cette compagnie à suspendre l'enregistrement; et en effet elle l'a suspendu en renvoyant les Lettres Patentes aux commissaires.

Eux ou leurs agens ont ameuté les marchandes de poisson de Bayonne quoique les dispositions de la loi tendent à assurer aux pêches basques tous les avantages des pêches nationales et des pêches étrangères.

On croit qu'il serait assez convenable de leur ordonner de se rendre à Paris ou à Versailles sans leur faire aucun mal lorsqu'ils y seraient venus pour y recevoir seulement une leçon sur la manière dont les bons citoyens doivent se conduire lorsque le gouvernement s'occupe de leur faire du bien.

d) *A son Excellence Monsieur le Comte de Vergennes.*

Monsieur le Comte,

Depuis que je n'ai eu l'honneur d'écrire à Votre Excellence et de lui faire ma cour j'ai eu le malheur de perdre ma femme que j'aimais depuis vingt deux ans, et avec laquelle je vivais depuis dix-huit ans et demi dans la plus douce et la plus heureuse union. Ma douleur a été, elle est, elle sera toujours cruelle. Mais elle ne doit pas me faire manquer à mon devoir et j'y reviens avec le zèle que vous me connaissez.

J'ai l'honneur d'envoyer à Votre Excellence copie de la lettre que m'écrit M. de Néville et de celle qu'il m'adrese pour M. le controlleur général. Il a été trop pressé par le temps et par les mesures à prendre pour vous écrire directement.

Je demande à Monsieur le Controlleur général de lui envoyer par un courrier extraordinaire l'arrêt dont il a besoin.

Je pense que vous serez très scandalisé de la conduite de MM. de Breitous et de La Serre. Je l'ai été au point de jetter sur le papier le mémoire que Votre Excellence trouvera ci-joint. Je suis en général dans le principe qu'il faut être très réservé à donner des ordres arbitraires et mon sentiment est en cela d'accord avec la façon de penser de Votre Excellence. Mais je vois si peu de mal à donner une petite leçon à ces Messieurs dans une telle circonstance que je serais porté à le désirer. Mais je m'en rapporte entièrerement à la prudence et à la bonté de Votre Excellence qui peut toujours se fier de l'exécution à celles de M. de Néville. Je ne sollicite point.

Peut-être aurai-je demain l'honneur de vous faire ma cour.

J'ai celui d'être avec la plus vive reconnaissance, le plus grand zèle et le plus profond respect,

Monsieur le Comte,

De votre Excellence,

Le très humble et très obéissant serviteur.

Paris, 9 septembre 1784. DU PONT.

Je sollicite vivement aussi M. le Controlleur général pour envoyer à L'Orient par le courrier de samedi l'arrêt qui conserve à la ferme générale le débit du tabac fabriqué. On y est dans le plus grand embarras pour un vaisseau de Dunkerque qui en apporte quarante-huit milliers.

e) *Joint à la lettre de M. Dupont au Mc Vergennes du 9 septembre* 1784.

Décisions du 27 Août 1784 données par M. le Controleur général sur les demandes de M. de Néville relativement à quelques dispositions des Lettres Patentes portant confirmation et interprétation des privilèges de Bayonne avec établissement d'un port franc.

Demandes

1° Etendre jusqu'à Cambo la liberté de la navigation de la Nive qui par l'article 24 des Lettres Patentes du 4 juillet était bornée à La Ressore.

En marge: de la main de M. le Côntrolleur général : approuvé et paraphé.

2° En maintenant pour les bateaux qui ne servent point au commerce la disposition du même article qui interdit la navigation de cette rivière depuis le soleil couché jusqu'au soleil levé, la permettre aux bateaux et autres bâtiments de commerce pendant la nuit à la charge de porter un fanal allumé et d'avoir un employé des fermes à bord.

En marge : approuvé et paraphé.

3e Permettre aux employés des fermes d'avoir, pour la police, des bateaux qu'ils tiendront amarrés le jour et avec lesquels ils feront des rondes la nuit sur la Nive.

En marge : approuvé et paraphé.

4o Permettre aux paroisses de la partie du pays de Labourd soumise à la police de frontière d'élire un dépositaire pour le tabac de leur approvisionnement lequel dépositaire sera soumis à toutes les règles auxquelles les abbés et jurats désignés pour dépositaires par les Lettres Patentes du 4 Juillet auraient été assujettis si le dépôt eut eu lieu dans leur maison.

En marge : approuvé et paraphé.

5o Autoriser les déclarations que feront les armateurs de Bayonne et de Saint-Jean-de-Luz de leurs navires actuellement en mer pour la pêche, afin de leur assurer à leur retour les avantages de la pêche nationale.

En marge : approuvé et paraphé.

6o Exempter les mêmes armateurs de la disposition relative au rouannage des barriques pour la pêche attendu qu'ils n'emploient point de barriques et apportent leur poisson en grenier ; suppléer à cette formalité celle d'un procès-verbal fait lors du retour en présence des officiers municipaux par deux employés des fermes et énociatif de la qualité du poisson pêché comme étant de pêche nationale.

En marge : approuvé et paraphé.

7o Autoriser la sortie pour Bayonne et le Labourd du bois de charpente, à bruler et du charbon et celle des matériaux de toute espèce à bâtir ainsi que toute espèce de comestibles non comprises dans les dispositions des articles 46, 47, et 50 des Lettres Patentes du 4 Juillet, même lorsque l'exportation en serait défendue à la charge de payer les droits.

En marge : autorisé suivant l'esprit des Lettres patentes du 4 Juillet et paraphé.

f). *Deux projets de lettres.*

Il a été envoyé à M. le C[leur] G[al] la lettre de Mr Jacquemin.

à Versailles, le 10 7bre 1784.

J'ai l'honneur de vous envoyer ci-jointe une lettre que je viens de recevoir d'un négociant de Bayonne. Il y expose la nécessité de réparer et d'améliorer le port de cette ville. Il en indique les moyens et se propose pour en diriger l'exécution. Je lui mande que le seul usage que je puisse faire de sa lettre est de vous la communiquer.

J'ai l'honneur d'être avec un très pr. att. M. V. T. h. R.

J'ai reçu M. la lettre que vous avez pris la peine de m'écrire. Je l'envoye à M. le Contr. Général. C'est à ce ministre à juger de l'utilité de vos vues et de la possibilité leur exécution.

Je suis très parf. M. votre affné serviteur.

g) *Lettres du Maréchal duc de Mouchy*

A Bordeaux ce 15 Septembre 1784

Je viens de faire, Monsieur le comte, une tournée de 220 lieues dans mon commandement. Je n'ai nul regret à la dépense ni à la fatigue excessive qu'elle m'a causé, parce je me flatte qu'elle a été utile.

L'on vous a rendu compte dans le temps de l'enregistrement des lettres patentes pour la liberté du commerce de Bayonne, que j'avais sollicité vivement, mais je n'ai pas été content de la faible réparation que le Parlement a fait à nos commissaires en permettant aux officiers de leur compagnie de les aller voir pour leurs affaires : ils ont bien de la bonté.

(Le reste de la lettre n'intéresse pas Bayonne).

A Arpajon, ce 22 Octobre 1784,

M. le Mis de Caupenne vous a rendu compte exactement et en détail, Monsieur le Comte, de la révolte de la partie du païs de Labourt qui ne jouit pas de la franchise. Je n'ai aucun ordre à donner étant hors de mon commandement. C'est à M. le Cte de Fumel en basse Guienne, et M. le Comte d'Esparbès, dans la haute, à recevoir vos ordres et ceux de M. le Mal de Ségur pour le remède à apporter à ce mal : Je pense que quoique leurs privilèges leur donne le droit de porter les armes, il faut profiter de cette occasion pour les désarmer, mais cela doit se faire en force et avec les plus grandes précautions car ils y tiennent beaucoup. Il faut surtout que les ordres du Roy soient préalablement bien déclarés et affichés car ils pensent et disent toujours de que tout ce qui se fait est contre les ordres du Roy ; et se révoltent en conséquence de ce raisonnement.

Rendez justice à l'inviolable attachement que je vous ai voué, et avec lequel j'ai l'honneur d'être Monsieur le Comte, votre humble et très obéissant serviteur.

N. M^aal^ D. de Mouchy

Edmond M. LÉVY.

PROCÈS-VERBAUX DES SÉANCES

Séance du lundi 6 janvier 1919

PRÉSIDENCE DE M. LE COMMANDANT DE MARIEN, VICE-PRÉSIDENT

Assistaient à la séance :

MM. Grimard, vice-président, Capitaine Duhourcau, Commandant Goalard, Antonin Personnaz, Joachim Labrouche, Fourcade, Dours, Formey de Saint-Louvent, Casedevant, A. Gommès, Colas, Le Roy, Georges, Godinet, Le Beuf, Salane, Commandant baron Portalis, Anatol, Mademoiselle Roquebert, Mademoiselle Lebas, Pierre Roquebert, Paul Labrouche, Lieutenant-Colonel Duvot, Beguet, Commandant de Cazes.

Excusés : MM. Georges Bergès, Docteur Voulgre.

Le Président ouvre la séance en adressant ses meilleurs souhaits à notre société. Elle entre dans sa 46e année d'existence et a vu l'an passé le nombre de ses membres augmenter sensiblement.

Il offre également ses meilleurs vœux à ses confrères; à l'honorable Monsieur Le Beuf, seul membre présent à la séance, ayant collaboré à la formation de la Société en 1873 et exprime le désir de voir s'ouvrir avec l'année de la PAIX VICTORIEUSE, une ère de prospérité et de travail fécond pour notre association.

Les pouvoirs du Bureau sont prorogés; le vote pour son renouvellement n'aura lieu qu'après la paix, lorque les démobilisés seront rentrés.

Vote à mains levées, unanimité.

Le Président fait connaître comme suite à la lettre de notre confrère M. le Docteur Dutournier au sujet des « souvenirs de la grande guerre à Bayonne », qu'il a écrit à M. le Maire de Bayonne, et lui a adressé copie de la lettre du Dr Dutournier, et que sur le rapport de M. Garat, le conseil Municipal a voté un crédit de 2000 francs pour les frais de constitution d'un dossier et d'un album de la guerre, conformément à la lettre circulaire adressée par M. le Ministre de l'Instruction Publique et des Beaux-Arts aux Présidents des sociétés savantes à la date du 3 Mai 1915, et dont le texte a été donné dans le Bulletin de la Société pour l'année 1915, page 9.

Publication reçues :

Boletin de la Comision de Monumentos historicos y artisticos de Navarra - 4e Trimestre de 1918 -numéro 36.

Estado actual de los estudios relativos a la lengua Vasca, por Julio de Urquijo e Ibarra, Bilbao, Elexpuru hermanos 1918.

Correspondance — Le cercle anglais « Anglo French Society » ayant demandé l'envoi du bulletin, il est décidé que le service sera fait gratuitement pendant une année.

Démission — M. Maurice Martin ayant définitivement quitté Bayonne pour se fixer à Bordeaux, donne sa démission de membre de la Société.

Questions diverses — Le Président signale que M. l'abbé Etcheber notre confrère, vient d'être nommé chanoine à la promotion de la Victoire. La Société se réjouit de cette distinction si bien méritée et adresse ses félicitations à M. le chanoine Etcheber. Il reçoit la récompense ecclésiastique de sa belle conduite au cours de la grande guerre, de son courage et de son dévouement, qui lui ont déjà valu la croix de guerre et la croix de la Légion d'honneur.

Conférence — Depuis la dernière séance, la Société a donné son patronage à deux conférences qui ont eu beaucoup de succès :

La première a été faite par M. le capitaine Duhourcau, au profit de l'Association des Médaillés Militaires sur « Les soldats héroïques des Régiments Bayonnais », au Théâtre de Bayonne, devant une nombreuse et brillante assistance.

M. le capitaine Duhourcau remercie la Société des S. L. A. B. d'avoir pris cette conférence sous ses auspices et lui demande de vouloir bien apporter son concours pécuniaire à l'Association des Médaillés Militaires.

Sur la proposition du Président, la Société vote un crédit de 50 francs en faveur de cette œuvre.

La seconde conférence a été donnée par M. Georges Bonnamour, publiciste, délégué de la société de la rive gauche du Rhin, dans les salons de la Chambre de Commerce de Bayonne, sous les auspices de cette Compagnie, sur l'initiative de la Commission Pyrénéenne de l'œuvre de Guerre, et de la Société des sciences Lettres et Arts de Bayonne, devant un public nombreux et choisi.

Le conférencier, qui possède admirablement son sujet, l'a traité avec une grande science historique, une éloquence persuasive servie par une parole claire et élégante. Il a montré que le Rhin est le fossé naturel de la Gaule, de la France, que sans ce fossé, notre pays n'aura pas une paix solide, mais seulement une trêve plus ou moins longue. Il ne faut pas renouveler la faute qui nous empêcha de fortifier Nancy. L'avenir de la France sera ce que le fera la paix de 1919.

Le Commandant de Marien fait hommage à la bibliothèque de la Société du Tome XIV des mémoires de la société archéologique du Midi de la France, contenant page 453 la description et quatre dessins d'un coffret du XVe siécle de la collection Delorme, dont il est l'auteur.

Ce coffret découvert par M. Delorme dans la cour d'un vieil hôtel de Toulouse, où il servait modestement d'auge pour la pâtée des poulets de la concierge, est intéressant par les costumes des personnages représentés dans six panneaux. Ces costumes ont permis de fixer la date de sa fabrication sous le règne de Louis XI, à la fin du XVe siècle.

Le Commandant de Marien fait remarquer l'intérêt qu'il y a à conserver, à signaler tous les vestiges du passé, dont peuvent avoir connaissance les sociétaires.

Le même volume renferme un livre consulaire d'Albi, par le le baron de Rivière, de la Société archéologique de Toulouse.

C'est le baron de Rivière qui a sauvé de l'oubli les très beaux sceaux découverts jadis dans l'autel de l'église Saint-Barthélémy de Paludar, retrouvés par M. Emmanuel Labat, reconstitués et dessinés en partie par le Commandant de Marien et qui seront publiés dans le 2e tome du chanoine Veillet par MM. les chanoines Dubarrat et Daranatz.

Le Président donne lecture d'un entrefilet de l' « Echo de Paris », du 30 septembre 1918, annonçant que la Société des Toulousains de Toulouse a décidé de faire auprès des pouvoirs publics les démarches nécessaires pour que le Musée de Vienne (Autriche), restitue à Toulouse le fameux camée antique de la basilique Saint-Sernin, disparu à la Renaissance et qui fait aujourd'hui l'orgueil du musée de Vienne.

En 1889, (voir Bull. de la société archéologique du Midi de la France série in-8, n° 3, page 31), le docteur Kermer, directeur du Musée Impérial de Vienne, a eu l'inconscience d'offrir à la société archéologique du Midi un moulage de ce joyau si cher aux Toulousains du Moyen-Age et si regretté (1) depuis trois siècles. C'est le plus beau camée de l'antiquité par ses dimensions (0,22 sur 0, 29) le nombre de ses personnages (20), le style et la finesse de son exécution. Il représente le triomphe du jeune Tibère devant Auguste et date des premières années de l'ère chrétienne.

---

(1) Je remplace « pleuré par eux » parce que les Toulousains du Moyen Age ne pouvaient plus pleurer au 17e siècle.

Après une discussion à laquelle prennent part MM. Joachim Labrouche, Grimard, A. Gommès, Colas, il est décidé que le Président écrira à la Société des Toulousains de Toulouse pour s'informer de ce qui a été fait par elle et joindre notre pétition à la sienne, en se basant sur le droit du vainqueur.

Nota — Dans le numéro de « l'Illustration » du 11 Janvier 1919 page 37, M. Auguste Marguillier, sous le titre « Œuvres d'art qui doivent nous revenir » cite également le grand camée de Toulouse.

L'attention des pouvoirs publics est donc nettement attirée sur la nécessité de la restitution de ce magnifique objet d'art, qui intéresse tous les Méridionaux.

Le Bureau de la Société ne perdra pas de vue cette question.

Présentation d'un nouveau membre. M. Victor Sillyé, présenté par M. le Docteur Bjorkegren et le capitaine Duhourcau. L'élection aura lieu à la prochaine réunion.

Elections.— M. Maisonnave, Directeur honoraire des Douanes, présenté par M. le Commandant de Marien et M. Pierre Roquebert,

M. B. de Vergès, présenté par M. le Commandant Bois-Viel et M. le capitaine Duhourcau,

sont élus à l'unanimité des membres présents.

M. le capitaine Duhourcau fait ensuite une communication sur Bayonne.

Il nous promène agréablement dans notre chère ville, en compagnie d'un camarade, né et élevé à Bayonne, que sa carrière en a tenu éloigné depuis de longues années et que les hasards de la grande guerre y ont ramené dernièrement.

Le camarade, amoureux passionné et délicat de Bayonne, de ses sites pittoresques, de ses aspects vétustes, de ses monuments anciens, de sa vie journalière et animée, évoque les poétiques images disparues : Porte de France, Tour barlongue, Allées-Marines etc... constate des modernisations excessives...

Il nous inspire de vifs regrets en nous rappelant ce que Bayonne a perdu de sa séduisante originalité, de sa puissante couleur locale. Il nous console, en nous parlant des beautés qui demeurent.

Après une discussion à laquelle prennent part un grand nombre de membres, M. Paul Labrouche, propose la nomination d'une Commission de trois membres chargée de prévenir les dévastations ultérieures.

Cette motion n'est pas adoptée.

Le Président remercie M. le capitaine Duhourcau de sa communication d'un intérêt toujours actuel, sur le vieux Bayonne disparu. Avec lui nous regrettons la perte de ces témoins des temps anciens que son ami pleure. Nous en sommes doublement responsables et comme citoyens de Bayonne et comme membres de la société des S. L. A. B., chargée de veiller pieusement à la conservation des restes du passé qui caractérisent notre ville.

La séance prend fin à 18 heures 40.

Assemblée générale du lundi 3 février 1919.

PRÉSIDENCE DE M. LE COMMANDANT DE MARIEN VICE-PRÉSIDENT

Assistent à la séance :

MM. Grimard, vice-président, Capitaine Duhourcau, Salane, Président Destandau, Dours, Godinet, J. Labrouche, P. Labrouche, Commandant Portalis, Bergès.

Lecture du procès-verbal de la dernière séance, approuvé.

M. Paul Labrouche demande que la pagination du Bulletin de de la Société soit continuée annuellement pour la facilité des recherches lorsque la collection est reliée par années.

Le Bureau fera le nécessaire.

Le Président donne la parole au Secrétaire et ensuite au Trésorier qui présentent leur rapport annuel. Il en résulte que la situation de la Société est satisfaisante : la dette vis-à-vis de l'imprimeur a été éteinte; elle a donné des séances de conférences réussies et a publié des travaux intéressants et importants dans son bulletin.

Rapport du Secrétaire Général.

Messieurs,

J'ai l'honneur de vous rendre compte de la situation de notre Société à la fin de l'exercice 1918.

Situation Générale. — Nous avons à déplorer le décès de 4 sociétaires : MM. Serval et Raphael Fagalde, Mesdames Gabriel Personnaz èt Pouzac. Il y a en outre, deux démissionnaires.

En regard, nous avons admis parmi nous 46 membres nouveaux. Il y a, en outre, un abonnement d'une société américaine.

L'exercice 1918 se termine à ce jour par un gain de 40 sociétaires et d'un abonné. La Société comprend aujourd'hui 212 membres et 7 abonnés. Le Bureau qui s'était imposé de finir l'année 1918 avec 200 membres a dépassé son but et vise maintenant 250 qu'il est possible d'atteindre, Messieurs, avec votre dévoué concours.

Réunions publiques, réunions mensuelles, bulletins. — La Société a manisfesté son activité extérieure par les trois conférences publiques données au Théâtre par M. Ybarnégaray et par M. Duhourcau, dans notre salle de réunion par M. de Marande. Ces séances très réussies ont prouvé l'amitié que nous portons aux intérêts de la nation et de ses soldats; et la dernière témoigne qu'il existe, entre les deux sociétés d'études de notre ville, un esprit d'entente, sinon de fusion.

Le Bureau a été heureux d'obtenir de M. G. Hérelle une série de conférences privées sur le *Théâtre basque*, qui a rehaussé l'intérêt de nos réunions mensuelles. Pour cette année il a prié M. A. Grimard de vouloir bien nous communiquer, en une suite de causeries, ses très intéressants et judicieux aperçus sur les armoiries véritables de Bayonne.

Enfin, notre président vous entretiendra d'un projet important sur l'histoire de Bayonne et du pays du Labourd qu'il me paraît digne de notre société de réaliser, concurremment avec les études fragmentaires sur la région et sur l'héroïsme de ses enfants pendant la Guerre.

En ce qui concerne l'impression du bulletin, le Bureau a pris l'initiative de séparer la parite *procès-verbaux* et *lisle des sociétaires* de la partie comportant les études. Il détache ainsi la secondaire du principal et assure quelque économie.

Situation financière. — Notre très dévoué trésorier vous rendra compte de l'état de notre caisse.

Le Bureau a atteint son but : nous abordons l'année 1919 nets de tout passif. Les recettes de l'année qui seront belles, vu le nombre de nos membres, ne serviront plus qu'à règler les dettes de l'année ou à capitaliser. Nos recettes de 1918 ont servi à payer le bulletin de 1918 et à éteindre tout le passif qui restait de l'année 1917 : fin de la créance Lamaignère-Yturbide, solde du dernier bulletin de 1917. Aussi pouvons-nous vous déclarer avec satisfaction que, si notre caisse est vide, notre situation financière est excellente. Chaque sociétaire pour les améliorer, n'a qu'à recruter des membres nouveaux, ce qui n'est pas du tout compliqué, quand on le veut bien.

Il me reste, Messieurs, à vous remercier tous de la cordiale estime que vous m'avez accordée pendant ces deux années, où j'aurai eu eu l'honneur d'occuper votre secrétariat.

Le Secrétaire
Fr. DUHOURCAU.

Rapport du Trésorier.

Messieurs,

Voici la récapitulation des recettes et dépenses de l'exercice 1918 :

au 4 février 1918 il restait en caisse..............	287
Produit des cotisations.........................	2.085
Vente du bulletin..............................	12 50
Remboursement par la Société des Etudes régionales de moitié des frais de la conférence de Marande......	11
Total des Recettes..................	2.395 50
Les Dépenses, dont je vous donnerai le détail, se sont élevées à..................................	2.275
Solde en caisse à ce jour......	120

Je dois vous dire que sur cette somme il reste à payer le brochage des Bulletins, 4e trimestre 1917 et de 1918, remis un peu tardivement au relieur pour être portés en compte; et l'abonnement à l'Union des Sociétés du Sud-Ouest pour 1918, dont la quittance ne nous a pas été présentée.

Il vous semblera, sans doute, qu'un meilleur résultat eut pu être obtenu. Je partage cette opinion.

Mais l'horrible guerre, momentanément arrêtée dans ses effets meurtriers, a déjoué tous les calculs. Malgré nos efforts, nous n'avons pu empêcher l'inéluctable destin de s'accomplir.

1o. — En effet, avec votre assentiment, les observations météorologiques ont été continuées sans la subvention municipale annuelle qui nous fut supprimée depuis l'année 1915, soit une perte de..	1.600
2o. — En la même année, les cotisations ne furent pas encaissées; ce qui permit à notre commission de l'Œuvre de Guerre de recueillir parmi nos Sociétaires les fonds indispensables à sa propagande anti-boche.	
Or, le nombre des membres au 31 Décembre 1915 était de 144, d'où un déficit d'environ..................	1.440
3o. — Parmi nos collègues mobilisés, 13 n'ont point répondu à notre appel, soit en moins..................	130
A Reporter........	3.170

Report........ 3.170

4°.— Enfin, en Mars dernier, nous avons eu la satisfaction bien légitime de liquider la créance de l'ancien imprimeur par un versement de...................... 300

A ce propos permettez-moi de rappeler, que lorsqu'en Mars 1900, j'eus l'honneur d'être nommé trésorier, il était dû au susdit imprimeur la coquette somme de 3237 fr., et la Caisse...était vide ! J'y déposai ma cotisation pour faire face aux premiers besoins.

Depuis lors, chaque fois qu'il était possible, on remettait un à compte à ce créancier.

Je reviens à mes moutons.

Le Total des moins-values ci-dessus s'élève à........ 3.470
qui pourraient garnir à ce moment notre portefeuille.

C'est, vous le reconnaitrez, un assez joli denier en moins.

A ces chiffres il conviendrait d'ajouter les secours distribués à diverses œuvres d'assistance, durant les hostilités et après l'armistice; l'augmentation colossale des papiers, main-d'œuvre, impôts, etc... causée par 4 années de terribles alternatives d'espoir et de déceptions, de bonheur et de souffrances supportées par tous avec une résignation héroïque.

Je n'ai point fait état de la conférence Ybarnégaray, donnée sous les auspices de la Société, attendu qu'en cette circonstance, mon rôle s'est borné à recevoir de M. le Directeur du Théâtre la Recette nette de la soirée, et à la verser en mains de M. le Secrétaire de notre Compagnie qui a remis lui même à l'Œuvre du billet de Logement tous les fonds recueillis.

Je passe au détail des dépenses aussi rapidement que possible.

Voilà pour le passé.

L'Idéal de notre Bureau serait d'équilibrer les frais engagés, par les recettes de chaque exercice. Mais, encore une fois,il n'a pu en être ainsi, pour les motifs exposé précédemment.

Avant de conclure, Messieurs, laissez moi vous offrir mes sincères remerciements pour la bienveillante et très courtoise attention que vous avez daigné prêter à votre humble et dévoué serviteur, et en raison surtout de l'aridité du sujet traité.

Si vous estimez qu'il y ait des responsabilités à rechercher dans la gestion de nos finances, j'en accepte ma part sans sourciller, et suis à votre entière disposition pour vous fournir toutes explications utiles.

Je me garderai cependant de quémander un satisfecit quelconque pour le temps et le dévouement que j'ai volontairement consacrés à notre chère Société.

J'ai fini. *Le Trésorier,* H. SALANE.

Le Président donne la Parole à M. Paul Labrouche, Président de la Commission Pyrénéenne de l'Œuvre de Guerre, pour la lecture du rapport sommaire sur les travaux de cette Commission, filiale de la Société des Sciences, Lettres et Arts depuis l'Assemblée générale du 10 Février 1915.

A la suite de cette lecture, et à la majorité des voix de l'Assemblée générale, le lien qui unissait les deux sociétés cesse d'exister et et chacune d'elles reprend son indépendance.

M. le Président Destandau donne ensuite lecture du rapport de la sous-commission d'« Assistance aux pays envahis; Billet de logement du soldat sans famille » œuvre dirigée par lui et MM. Dours et Larrieu.

Le Président félicite et remercie cette sous-commission des résultats obtenus grâce au dévouement, à l'activité et au désintéressement de ses membres.

Vote : M. Victor Sillyé, présenté par M. le Docteur Bjorkegren et le capitaine Duhourcau à la dernière seance, est élu membre de la Société.

Présentation de M. Paul Lalanne par MM. Bergès et Grimard. Le vote aura lieu à la prochaine séance.

Questions Diverses.— Le Président a adressé des félicitations à M. Emmanuel Molinié, chef de bataillon dans un état-major à Aix-la-Chapelle et à M. Maurice Labrouche, capitaine de cavalerie, nommés chevaliers de la Légion d'Honneur pour leurs excellents services au cours de la guerre. Tous deux ont répondu par d'amicaux remerciements.

La Société a fait récemment une perte sensible en la personne de Mademoiselle Marie Pouzac, sœur d'un ancien maire de Bayonne, qui dirigeait avec une haute intelligence une importante maison de commerce de notre ville, et présidait avec un inlassable dévouement l'Œuvre de la Conférence de Saint-Vincent-de-Paul. Grande femme de bien, elle emporte les vifs regrets de tous ceux qui l'ont connue.

Le Président présente un volume intitulé *Notions élémentaires d'histoire girondine, des origines à* 1789 par MM. Brutails et Courtault, qui lui a été confiée par M. le capitaine Duhourcau.

C'est une œuvre de vulgarisation, copieusement illustrée de dessins bien choisis et artistiquement exécutés, destinée à être mise aux mains des enfants des écoles, pour leur faire connaître sommairement l'histoire de ceux qui les précédèrent sur le sol qu'ils habitent.

Le capitaine Duhourcau demande qu'une œuvre analogue soit mise à l'étude pour notre cher pays basque.

Cette question est renvoyée à la prochaine séance.

Conférence de M. de Marande. — Les Bureaux des Sociétés des Lettres, Sciences et Arts et d'Etudes régionales, après avoir pris connaissance de la conférence deM. de Marande sur trois journées à Saint-Quentin de Guillaume de Hohenzollern ; Scènes vécues de l'occupation allemande ; le Kaiser a-t-il voulu la guerre? ont organisé son audition dans la salle des adjudications de la Mairie de Bayonne le Jeudi 30 Janvier à 17 heures.

La Société des Sciences, Lettres et Arts étant la plus ancienne, et la plus nombreuse, a assumé la présidence en la personne du Commandant de Marien : M. Pierre Yturbide, président de la société d'Etudes régionales, siégeait à côté du conférencier.

M. de Marande, devant une assistance d'environ 200 personnes, a développé sa causerie en artiste consommé, dans une langue claire et élégante, avec des dialogues pleins de vie, des détails pittoresques, tenant sous le charme son auditoire attentif.

Le « Courrier de Bayonne » du 31 Janvier a donné le compte-rendu aussi fidèle qu'il est possible en l'abrégeant beaucoup, de cette conférence de réelle valeur historique.

Le Président demande pour le Bureau l'autorisation de convoquer, dans le courant de l'année, une assemblée générale, afin de procéder à l'élection du bureau et d'apporter des modifications aux statuts (articles 10 et 14).

Adopté à l'unanimité.

Communication. — M. le capitaine Duhourcau donne lecture de quelques pages de poésies de guerre du lieutenant Maurice Bougniol, parues dans son volume « Sans gestes ».

Ces vers, d'une fin lettré, d'un véritable poète, enlevé à la fleur de l'âge dans la tourmente de la grande guerre, offrent des impressions très vives et très vraies, des scènes de la vie journalière dans les tranchées et au combat, d'un des régiments formés à Bayonne, le vaillant 249e d'Infanterie.

La séance est levée à 18 heures 45,

Séance du 3 Mars 1919

Présidence du commandant de Marien, Vice-président.

Etaient présents : MM. le Président Destandau, lieutenant-colonel Duvot, Siltyé, de Saint-Louvent, Georges, Fossat, Joachim Labrouche, Ch. Lagrolet, Delmas, Paul Labrouche, Salane, Grimard,

Excusés : MM. le capitaine Duhourcau, Pierre Roquebert, Docteur Voulgre, colonel Roustan.

Lecture du procès-verbal de la dernière séance; adopté.

Correspondance. — Le Président a écrit à M. le capitaine Duhourcau pour le féliciter, au nom de la Société, à l'occasion de sa nomination d'officier de la Légion d'Honneur, qui a si dignement récompensé ses glorieux services.

M. le capitaine Duhourcau a répondu au Président qu'il était très touché de ces amicales félicitations et remerciait cordialement les sociétaires de leurs aimables compliments.

M. Rozès de Brousse, Président des Toulousains de Toulouse, a remercié chaleureusement la Société des S. L. A. B. de l'appui que cette dernière a offert de prêter pour la revendication du grand camée de Saint-Sernin, qui se trouve à Vienne (Autriche).

Le Président fait remarquer à ce sujet que les Italiens semblent avoir adopté au sujet les manuscrits, tableaux, et statues portées d'Italie en Autriche par voie de conquête, un mode opératoire rapide de restitution, qui pourrait nous servir de modèle.

L'anglo French Society, scala House, Tottenham Street, W 1, Londres, remercie la Société pour le service du Bulletin.

En ce qui concerne la mise à l'étude et la réalisation pour notre contrée d'un volume analogue à celui présenté à la dernière séance et intitulé « Notions élémentaires d'histoire Girondine, » par MM. Brutails et Courteault, après discussion, il est décidé de surseoir, en raison de la dépense assez élevée à engager.

M. Paul Labrouche donne lecture de quelques pages des « Mémoires de Montluc », attaque par les Espagnols de Saint-Jean-de-Luz en 1523. Topographie du XVIe siècle.

Questions Diverses. — Le Président donne lecture d'une lettre de M. le capitaine Duhourcau, qui n'a pu assister à la séance, au sujet du monument à élever aux morts de la Guerre à Bayonne; la municipalité semble prévoir son édification au bord des Allées-Paulmy. Il estime que l'on pourrait faire mieux en élevant au bout du Pont-St-Esprit, sur la Place du Réduit, aujourd'hui si nue, une sorte de « Porte de la Victoire », un arc-de-triomphe rappelant si l'on veut l'ancienne porte de France de Vauban, regrettée de tous, avec la reconstitution, au revers, de l'ancienne porte intérieure du Réduit au Moyen Age.

Après une discussion à laquelle prennent part de nombreux membres, la Société s'associe à l'idée d'élever un monument à la mémoire des morts de la grande Guerre.

Elle fait toutes réserves sur le genre de construction, qui dépendra de l'importance des ressources réunies; mais d'ores et déjà rejette à l'unanimité le choix de l'emplacement proposé.

Elections. — M. Paul Lalanne, présenté par MM. Bergès et Grimard, est élu membre de la Société.

La séance est levée à 18 heures 10.

Séance du lundi 7 Avril 1919

Présidence de M. Garat, Maire de Bayonne, Président d'honneur de la Société S. L. A. B.

Etaient présents :

Mlle Roquebert, Madame Personnaz, MM. Le Barillier, Commandant de Marien, Capitaine Duhourcau, P. Roquebert, R. Poydenot, Casedevant, J. Fourcade, J. Labrouche, Foltzer, Chanoine Daranatz, Chanoine Etcheber, Le Beuf, Commandant de Cazes, Godinet, A. Personnaz, Lastrade, Fossat, de Castelnau, Abbé Lamblin, Docteur Heulz, Lacombe, Fort, L. Dours, Commandant Portalis, Delmás, Colas, Jean Latsague, Bergès, Président Destandau, Paul Lalanne, A. Larrieu, Nogaret, Formey de Saint-Louvent, Sillyé, de Véquy.

La lecture du procès-verbal de la dernière séance est renvoyée à la prochaine réunion, ainsi que l'élection d'un membre nouveau.

Séance du lundi 5 Mai 1919

Présidence du Commandant de Marien, Vice-Président.

Etaient présents : Mademoiselle Roquebert, Madame Antoine Personnaz, MM. Grimard, Salane, Capitaine F. Duhourcau, Dours, Fort, Le Barillier, Georges Bergès, Anatol, Larribière, Lalanne, Pierre Louis, Président Destandau, Ch. Lagrolet, Paul Labrouche A. Personnaz, de Saint-Louvent, Lieutenant-colonel Duvot,

Excusés : M. Léon Fossat, Jean de Jaurgain, Le Beuf,

Lecture des Procès-verbaux des deux dernières séances et de la Commission des Armoiries. Adoptés.

Publicatiods reçues. — Bulletins n° 4 et 5 — 1918 — de la Société Bayonnaise d'Etudes Régionales.

Era Bouts dera Mountanho, année 1916, Bagnères-de-Luchon.

Rapport du Préfet et Procès-verbaux du Conseil Général des Basses-Pyrénées en 1918. 2 volumes.

Bulletin Philologique et Historique du Ministère de l'Instruction Publique année 1917.

On voit page 44, une note sur Raymond de Montaigne, évêque de Bayonne, au sujet de procès, et mission du Marquis de Boufflers en Béarn en 1685.

CORRESPONDANCE. — Le Président donne lecture d'une lettre d'un de nos présidents d'honneur, M. Julien Vinson qui désirerait voir réimprimer en fac-simile le mince volume des poésies sur Saint-Léon de M. Feuga, imprimé à Bordeaux en 1648, aux frais de la ville de Bayonne. Notre bibliothèque municipale possède le seul exemplaire connu de ce précieux ouvrage, fort intéressant pour l'histoire locale.

M. Vinson annonce qu'un de ses amis prépare une nouvelle édition des « Fables causides » de 1776, qu'il a appelé le chef-d'œuvre de la typographie Bayonnaise.

Enfin il nous annonce l'envoi, dans le courant de l'été, de ses travaux sur la langue basque, résumé du résultat de cinquante années d'études.

La société est heureuse de constater l'activité d'un de ses membres fondateurs.

DÉCÈS. — M. Louis Forel, chef de gare de Bayonne, est décédé dernièrement, tout jeune encore. La société a exprimé à Madame Forel tous ses regrets de la mort si imprévue de son mari qui s'était fait apprécier par l'aménité de son caractère et sa grande bienveillance.

ELECTION. — Est élue à l'unanimité Madame Ader, 1 rue Thiers, présentée par M. Joseph Sarrade et le capitaine Duhourcau.

Il sera statué sur quatre présentations, MM. Maurice Personnaz, Louis Roquebert, Henri Labaste, et l'abbé Rouquette, à la prochaine séance.

COMMUNICATIONS. — 1. M. le capitaine Duhourcau commente à propos de la devise *Nunquam polluta,* un texte de 1625, une supplique des échevins de Bayonne au Cardinal de Richelieu. Cette pièce montre que nos échevins estimaient que c'était la fleur de lis que les rois de France avaient honorée du titre d'impollue et vient confirmer les études de M. Grimard sur « les Armoiries de Bayonne ».

Cette note paraîtra dans le Bulletin à la suite du travail de M. Grimard.

2. — « Nos vieux noms de rues »

Après lecture d'une Note de M. Salane sur les dénominations des rues de Bayonne et une courte discussion, on passe à l'ordre du jour.

3. — M. Salane donne lecture : a) d'une lettre qu'il adresse au président, relative à un article du Bulletin de la Société, année 1911

p. p. 118 et 119, sur la « décoration du blocus de Bayonne de 1814 » de M. Juncar; b) du numéro 350, du Jeudi 19 septembre 1816, des « Affiches, Annonces et Avis divers de Bayonne, » contenant une ordonnance du roi, en date du 29 Août 1816, accordant aux Gardes Nationales du Département des Basses-Pyrénées la décoration du Lys, avec liseré marron, et la lettre d'envoi du Préfet des Basses-Pyrénées, M. d'Argout; en date du 12 septembre 1816, à MM. les Sous-Préfets et Maires du Département, relative à cette ordonnance.

Ces documents aimablement mis à sa disposition par notre confrère M. Charles Lagrolet, sont inédits, recherchés depuis longtemps et fixent définitivement un point controversé d'histoire locale.

Ils paraitront dans le Bulletin, à la suite du travail sur « le blocus de Bayonne en 1814 » de notre regretté collègue M. Juncar.

La séance est levée à 19 heures 10.

Séance du lundi 2 Juin 1919.

PRÉSIDENCE DU COMMANDANT DE MARIEN, VICE-PRÉSIDENT.

Présents : Madame Antonin Personnaz, Mlle Roquebert.

MM. Grimard, Salane, Dours, de St-Louvent, R. Poydenot, Fourcade, P. Louis, Antonin Personnaz, Godinet, J. Labrouche, Lt-Colonel de Castelnau, Georges, Lt-Colonel Duvot, Comt Portalis, P. d'Arcangues, Alexandre Diesse, P. Roquebert, Chanoine Etcheber, Colas, Gentinne, Président Destandau, P. Labrouche, Ch. Lagrolet, Larribière, Commandt de Cazes, Sillyé, Eugène Lagrolet, Docteur Heulz

Excusé, capitaine Duhourcau.

Lecture du procès-verbal de la dernière séance, adopté.

PUBLICATIONS REÇUES. — Annales de la Faculté des Lettres d'Aix, 8 fascicules 1912-1916.

Tome VI — 1912. *Siège de Marseille* 1524 par Bourilly.

Aquae Sextiae par Michel Clerc. Belle étude antique, accompagnée de magnifiques planches.

Tome VII — 1913. *L'Atlantide* par Paul Gaffarel.

Etude très fouillée. La dernière partie, *Ibères* et *Atlantes* intéresse particulièrement les basquisants.

Bulletin archéologique du Comité des travaux historiques année 1918 1re livraison.

P.19.— *Insignes épiscopaux de la cathédrale de Sens du* XIIIe *siècle.*

Bulletin de la Société archéologique du Gers, XIXe *année* 1918.

Indication des sources pour l'étude de l'Aquitaine et du midi de la France p. 185.

Boletin de la Comision de Monumentos Historicos y artisticos de Navara. Ano 1919. *Tomo* X. n° 37.

Photographies de 2 stèles funéraires basques du musée archéologique de Navarre.

Page 72. — Le chant d'*Altabiscar*, Etude par José Mantérola.

Revue de géographie Commerciale 44e année 1918.

Bulletin de l'Union Historique et archéologique du Sud-Ouest, 11e année - 1 et 2 - 1919.

Page 17. — Chanoine Bascoul. Notes sur les Pavée de Vieilleville (Etienne Joseph, Evêque de Bayonne)

Correspondance. — M. Julien Vinson.

M. Paul Labrouche propose une visite de l'enceinte Wisigothique avec le coucours éclairé de M. le comte de Beaumont. Adopté.

Elections. — Sont élus membres de la Société :

M. Maurice Personnaz, présenté par M. Antonin Personnaz et le Commandant de Marien;

M. Louis Roquebert, présenté par MM. Pierre Roquebert et le Commandant de Marien;

M. Henri Labastie fils, présenté par MM. Henri Labastie père et le capitaine Duhourcau.

M. l'abbé Rouquette, présenté par MM. Grimard et le chanoine Daranatz.

Communications. — M. Paul Labrouche développe le sujet suivant : « Bayonne la Non Pollue, n'a jamais été prise par l'ennemi »

Il affirme avec Balasque et de Jaurgain que si l'on examine l'histoire de Bayonne, l'ennemi n'a jamais pris la ville.

Il ne remontera pas à Alaric II, qui probablement a créé son enceinte fortifiée, encore partiellement existante.

Il saute la période antique, pour arriver au Moyen-Age et au premier prétendu siège d'Alphonse le Batailleur. Alphonse arrive à Bayonne à la suite de différends féodaux; on lui ouvre les portes de la ville : il s'y installe.

En 1177, nouvelles querelles féodales. Richard-Cœur-de-Lion entre à Bayonne après dix jours de siège. C'est une « saisie féodale ».

En 1205, Alphonse de Castille tâte Bayonne, mais ne la prend pas.

En 1254, quelques ennemis gascons entrent en ville, mais ne la prennent pas.

En 1295, il y a lutte des marins basques contre les marins normands; de tous côtés guerre maritime. Le roi de France s'émeut. Un traité secret intervient entre Philippe Le Bel et Edouard 1er,

Des villes sont cédées. Le 31 Décembre, la flotte anglaise se présente devant Bayonne et entre le 1er Janvier dans la place. Pas de siège. Le château se rend huit jours après.

En juin 1374, le roi de Castille assiège Bayonne avec 20.000 hommes et 200 bateaux sur l'Adour, mais les Espagnols sont repoussés avec de fortes pertes.

Le 21 Août 1451 voit la fin de l'occupation anglaise.

Le roi de France, par décision de la Chambre des Pairs, confisque la Guyenne et la Gascogne. Dunois, le comte de Foix et le sire d'Albret assiègent et prennent la ville.

Ceux qui diront que c'est une prise ne sont pas français.

Depuis lors, Bayonne ne fut jamais occupée par l'ennemi.

M. Colas discute la thèse de M. Paul Labrouche et la conteste.

Divers membres présentent des observations.

Le président remercie M. Paul Labrouche de son étude, qui représente un travail considérable, mais il est obligé de constater que la théorie séduisante développée, n'est qu'une théorie.

M. Louis Dours donne lecture de la traduction en vers français d'un petit poème gascon, dû à la plume de Monsignor Gassiat qui fût vicaire de Saint-Esprit vers 1850, explication fantaisiste de la devise « Nunquam Polluta ». Il fait ensuite l'analyse de l'œuvre complète de ce poète gascon, un peu rabelaisien, mais si fin, si délicat, si spirituel qu'il importe de ne pas le laisser dans l'oubli : et après avoir donné la traduction de deux charmantes pièces du même auteur, il termine sa communication en lisant l'épitaphe — Véritable cri de foi d'un chrétien — que le poète composa lui-même pour sa tombe qu'on peut voir dans le cimetière du village d'Estibeaux où repose Monsignor Gassiat.

Le président remercie M. Louis Dours de sa charmante communication, qui a apporté une note locale et très plaisante après un débat un peu sévère.

La suite de la communication de M. Dours est renvoyée à la prochaine réunion.

La séance est levée à 18 heures 50.

Le Vice-Président,
COMMANDANT DE MARIEN.

PROCÈS-VERBAUX DES SÉANCES

de la Commission des Armoiries de la Ville de Bayonne.

Séance du lundi 7 Avril 1919.

PRÉSIDENCE DE M. GARAT, MAIRE DE BAYONNE, PRÉSIDENT D'HONNEUR DE LA SOCIÉTÉ S. L. A. B.

Etaient présents les membres de la Société venus à l'Assemblée ordinaire d'Avril (voir le procès-verbal de cette séance).

En outre, des membres du Conseil Municipal de Bayonne, des membres de la Société Bayonnaise d'Etudes régionales, et un public nombreux assistaient à cette séance.

M. Grimard, vice-président de la Société S. L. A. B. traite de façon magistrale la question des « Armoiries Véritables de Bayonne. »

Il décrit dans une étude historique et critique très fouillée et documentée les emblèmes inédits les plus anciens de notre ville, le sceau de 1260, puis les divers types de sceaux et d'armoiries, avec leurs transformations au cours des âges, leurs déformations pendant les deux derniers siècles, enfin leurs variations injustifiées à l'époque contemporaine.

Le tout était illustré d'une documentation artistique très abondante, formée par une collection de grandes et magnifiques aquarelles permettant de suivre le conférencier avec le plus grand intérêt.

Le temps ayant passé malheureusement trop vite, le président et l'auditoire ont remis, à l'unanimité, la suite de la conférence au Jeudi 10 Avril, à 16 heures.

Séance du 10 Avril 1919.

PRÉSIDENCE DE M. GARAT, MAIRE DE BAYONNE.

M. A. Grimard, continuant sa communication, se demande si Bayonne a été une des bonnes villes du Royaume : il répond oui et non. Après étude des documents, il semble qu'il faille se résigner à la négative.

Au sujet de la devise « Nunquam Polluta », M. Grimard fait une étude comparative des devises des trois villes de la Guyenne : Bordeaux, Dax et Bayonne et établit que c'est à bon droit que notre cité a conservé sa fière devise.

De chaleureux applaudissements et des remerciements formulés en termes heureux par le président montrent à M. Grimard que sa belle et solide conférence a été vivement appréciée par l'auditoire fort attentif.

Le président propose ensuite la réunion d'une commission chargée de discuter les conclusions de M. Grimard et de présenter au Conseil Municipal de Bayonne des propositions sur les Armoiries de la Ville.

Cette commission comprend :

MM. le Maire de Bayonne, J. Aubert, C[t] le Barillier, Le Beuf, Bergès, Colas, Chanoine Daranatz, Docteur Darbouet, Dours, Président Destandau, Capitaine Duhourcau, Foltzer, Fort, Fraysse, Grimard, J. de Jaurgain, J. Labrouche, P. Labrouche, Lacombe, de Marande, C[t] de Marien, A. Personnaz, R. Poydenot, Simonet, P. Yturbide.

La discussion commence immédiatement.

En fin de séance, M. le Chanoine Daranatz demande qu'on rende au jour la belle rosace de la façade Ouest de notre antique Cathédrale, abîmée au cours d'un cyclone et masquée depuis un tiers de siècle par une cloison de briques.

Séance du 14 *Avril* 1919.

Présidence du Commandant de Marien, Vice-Président

M. Jean de Jaurgain, l'éminent historien de la Vasconie, a bien voulu apporter à la commission le poids de toute son expérience et de sa connaissance approfondie de la science héraldique et de l'histoire régionale.

Etaient en outre présents :

MM. Aubert, Commandant le Barillier, Bergès, Colas, le chanoine Daranatz, L. Dours, Capitaine Duhourcau, E. Fort, A. Grimard, J. Labrouche, P. Labrouche, R. Poydenot, P. Yturbide, de Marande Simonet, Lacombe, Fraysse.

Excusés : MM. Le Beuf et Foltzer.

La Commission examine point par point et avec le plus grand soin toutes les pièces de l'écu : champ, lion, tour, mer, chef, fleur de lis, couronne.....

Puis elle nomme à l'unanimité pour rapporteur M. André Grimard, rendant ainsi un juste hommage aux travaux et aux recherches de notre confrère.

Son mémoire sur les Armoiries de Bayonne communiqué par extraits à la Sociéte avant sa complète mise au point, en raison de la nécessité de fixer le détail de ces armoiries avant leur éxécution en pierre sur le beffroi de la gare du Midi à Bayonne, paraitra dans le Bulletin.

Séance du 5 *Mai* 1919,

PRÉSIDENCE DE M. GARAT, MAIRE DE BAYONNE.

Présents MM. Bergès, Chanoine Daranatz, Docteur Darbouet, L. Dours, Capitaine Duhourcau, Fraysse, Fort, Grimard, J. Labrouche, P. Labrouche, Lacombe, Commandant Le Barillier, Commandant de Marien, de Marande, R. Poydenot

M. André Grimard, rapporteur de la Commission des Armoiries, lit son rapport.

Ses conclusions sont les suivantes :

Armoiries de Bayonne :

1, champ de gueules, pas de changement.

2. Tour d'argent, pas de changement, (3 créneaux, talutée).

3. lions, pas de changement.

4. arbres — 2 chênes au naturel, englantés d'or.

5. Mer au naturel ondée d'or et de sable.

6. Fleur de lis d'or, posée sur le champ de gueules sans chef d'azur

7. Fleur de lis de l'époque de Charles VII.

8. Devise — Nunquam Polluta.

La Ville de Bayonne blasonne ses armes comme suit : de gueules à la tour talutée d'argent, ouverte, ajourée et maçonnée de sable, posée sur une mer au naturel ondée d'or et de sable, accostée de deux lions d'or affrontés et brochant sur le fut de deux chênes au naturel, englantés d'or et surmontés d'une fleur de lis d'or.

Devise :*Nunquam Polluta*

Couronne : Comtale ancienne.

Après discussion, ces conclusion sont adoptées point par point. Il est ensuite procédé à un vote sur l'ensemble; il a réuni l'UNANIMITÉ DES VOIX.

En conséquence, il est décidé que le rapport de M. A. Grimard sera présenté demain, 6 Mai, en séance, au Conseil Municipal de Bayonne.

La Commission accepte ensuite les vœux suivants :

1. Que les Armoiries successives de la Ville de Bayonne, établies par documents authentiques, soient représentées dans la rosace ouest de la Cathédrale, au moment de sa réfection,

2. et également dans une frise d'une des salles de l'Hôtel de Ville;
3. Que le présent rapport soit inséré au Registre des délibérations du Conseil Municipal de Bayonne, afin qu'il en soit gardé trace pour l'avenir.

Nota. — Le Conseil Municipal de Bayonne, dans la séance du 6 Mai, a décidé de mettre le texte du rapport de M. Grimard à la disposition de la presse et de le déposer à la bibliothéque Municipale, où sera ouvert un registre destiné à recevoir les observations de ceux qui s'intéressent à cette question.

Séance de la Commission des Armoiries du 3 Juin 1919.

PRÉSIDENCE DE M. J. GARAT, MAIRE DE BAYONNE

Présents : MM. Lacombe, Fabvier, Docteur Darbouet, Le Barillier, Le Beuf, Grimard, Commandant de Marien, Commandant Portalis, P. Labrouche, J. Labrouche, Dours, Capitaine Duhourcau, Ant. Personnaz, Président Destandau, R. Poydenot, P. Roquebert, Colas, Fort, Lespès, Fraysse.

Le président donne lecture de la lettre de MM. P. Yturbide et le chanoine Daranatz, parue dans le Journal le *Courrier de Bayonne* du 19 Mai 1919.

MM. P. Yturbide et Daranatz, membres de la Commission des armoiries de Bayonne, n'assistent pas à la séance.

Le Commandant de Marien donne lecture d'une note : il s'étonne qu'après les larges débats auxquels ont été convoqués les membres des deux sociétés de Bayonne et toutes les personnes que la question intéresse, une protestation se fasse jour par la voie d'un journal local.

Il ajoute que la Commission de 1892 n'a pas fonctionné en fait; que MM. Corrèges et Ducéré seuls ont réglé les détails des Armoiries de Bayonne. Or ni l'un ni l'autre n'étaient des spécialistes en art héraldique.

M. R. Poydenot donne lecture également d'une note. Il adopte les raisons claires et probantes du travail de M. A. Grimard.

La seule concession à faire serait peut-être de mettre d'or la tour d'argent.

Le XVIIIe siècle a été en fait d'armoiries l'époque de la fantaisie

Deux personnes seulement à Bayonne ont réclamé hors séance, hors du registre, le maintien du chef d'azur, en objectant la décision de la Commission de 1892.

Or cette commission ne s'est pas prononcée. MM. Poydenot et Détroyat, père et oncle de l'auteur de la Note, n'ont pas fait changer le chef. *La Chambre de Commerce* et la Caisse d'épargne de Bayonne ont conservé la fleur de lis sur le champ de gueules.

Comme eux, nous sommes les tenants de la tradition; nous ne voulons pas de bouleversement. Donc la fleur de lis sans chef.

M. de Marande dit que dans le registre des documents officiels de la Mairie de Bayonne 1738, 1752, 1772, qu'il présente, les armoiries de Bayonne n'ont pas de chef d'azur.

M. le capitaine Duhourcau ajoute qu'en 1810, dans les délibérations du Conseil Municipal de Bayonne, composé de gens ayant vécu au temps de Louis XVI, on ne parle pas du chef d'azur, mais de la fleur de lis *sur la tour*, à remplacer au *besoin* par un autre objet.

M. Joachim Labrouche montre une tasse et une soucoupe du service du Café Farnié, dont le dessin a été donné par Ducéré à M. Couaque et qui ne possède pas de chef d'azur.

M. le Maire présente le tableau des greffiers de la Mairie de Bayonne, dessiné et enluminé par Ducéré et qui ne porte pas de chef d'azur.

M. Paul Labrouche dit qu'en 1700 Bayonne reçut par ordonnance la baïonnette. Il n'y a que ces armoiries qui aient été réellement octroyées par le pouvoir central et il n'y a pas 36.000 documents à consulter pour constater l'existence de cette ordonnance.

M. le conseiller Lespès fait remarquer que les armoiries n'ont de constante que leur inconstance; on peut revenir à la baïonnette aux léopards et même à la belle Cathédrale du XIIIe siècle. Les armoiries dépendent de la volonté de ceux qui les portent.

M. le président Destandau présente quelques observations.

M. de Marande dit que si la commission des armoiries avait été réunie il y a 25 ans, on ne verrait pas dans Bayonne 10 modèles différents d'armoiries pour la Ville.

M. Grimard rapporteur, est embarrassé par l'absence de MM. Daranatz et Yturbide, avec lesquels il aurait voulu discuter leur lettre au « Courrier de Bayonne ».

Ils n'ont pas donné de dates; que vient faire un Grammont dans une discussion d'armoiries du XVIIIe siècle, alors que les Grammont disparaissent de Bayonne en 1633?

On nous parle des armoiries du XVIIIe siècle; mais à cette époque les armoiries ne présentent que désordre et laisser aller.

La fleur de lis dans les armoiries de la Ville est le symbole français national unitaire.

On trouve dans le carton des pièces de la Ville de 1664 les armoiries que nous avons adoptées.

Si le Conseil Municipal de Bayonne a une hésitation, il convoquera la Commission, car il est rationnel que les Sociéts savantes locales soient admises à formuler leur avis sur les questions de leur compétence.

M. le Maire, président, fait connaître qu'il appuiera le rapport de la Commission des Armoiries devant le Conseil Municipal et prie les membres de la Commission de se mettre à la disposition du Conseil Municipal, pour lui fournir, s'il y a lieu, des renseignements complémentaires.

Le procès-verbal est adopté sans observations.

La séance est levée à 17 heures.

Le Vice-Président

COMMANDANT DE MARIEN.

Nota — Dans sa séance du Dimanche 3 Août 1919, le Conseil municipal de Bayonne a adopté les conclusions de son rapporteur, M. Simonet, sur les Armoiries de la Ville — M. le Maire a remercié, au nom ne la Municipalité et de la Ville, M. Grimard, dont le travail considérable a guidé celui de la Commission.

La belle étude de M. Grimard sur les armoiries de Bayonne sera publiée ultérieurement dans le Bulletin.

LA GUERRE ET LA RÉGION BAYONNAISE

LIVRE D'OR BAYONNAIS

Membres de la Société et leurs enfants, morts, blessés, cités à l'ordre du jour et décorés pour faits de guerre, (suite) (1) :

Diharce, Auguste, sous-lieutenant de réserve à la 12e compagnie du 11e Régiment d'Infanterie, a mérité la citation suivante à l'ordre de la Division : « Chef de section dévoué et d'une belle bravoure. Le 22 Août 1914, a pas ses dispositions judicieuses et par le courage qu'il a su communiquer à ses hommes, assuré pendant plusieurs heures, dans un combat rapproché, la protection d'une batterie qu'il avait pour mission de soutenir. » G. Q. G. le 21 Juillet 1919. Signé : Petain.

Diharce, Ferdinand ; la Croix de la Légion d'Honneur a été attribuée à sa mémoire, *Journal Officiel* du 16 novembre 1919, avec la citation suivante : « Sorti de Saint-Cyr à la mobilisation et promu sous-lieutenant au 34e Régiment d'Infanterie ; parti en campagne avec ce Régiment, a fait preuve des plus belles qualités de courage, d'énergie et de sang-froid ; le 29 août 1914, au combat de Ribemont où, blessé d'une balle au bras droit, il a conservé néanmoins le commandement de son unité, jusqu'au moment où il a été été de nouveau blessé très grièvement d'une balle au ventre. Mort pour la France. A été cité. »

Diharce, Germain, caporal au 7e Bataillon de chasseurs, mort pour la France, a mérité la citation suivante : « Caporal doué d'un beau courage et d'une énergie farouche, a été tué le 26 août 1914, alors qu'il protégeait avec quelques hommes le repli de sa compagnie, causant par son audace de lourdes pertes à l'ennemi. » Ordre no 5 du 7e bataillon de chasseurs en date du 20 décembre 1916.

Ces trois vaillants soldats bayonnais sont les fils de notre confrère M. Camille Diharce, joaillier, rue Argenterie.

Barthes, Louis, enseigne de vaisseau, de 1re classe, commandant *Le Montaigne*. La croix de la Légion d'Honneur a été attribuée à sa mémoire, *Journal Officiel* du 7 Juin 1919, avec la citation suivante : « Mort pour la France. Officier de valeur ; s'est toujours signalé par son entrain et son sentiment du devoir. Frappé sur sa passerelle au moment de l'attaque de son bâtiment par des torpilleurs ennemis, a eu

(1) Voir Bulletins 1 et 2 de 1916, 1-2, 3-4 de 1917.
Nous continuerons à enregistrer les décorations et citations au fur et à mesure qu'elles parviendront à notre connaissance.

l'énergie de donner, avant de mourir, l'ordre le plus opportun dans la forme la plus claire. »

M. Louis Barthes était le fils de notre confrère M. Léon Barthes.

Buret, Georges, sous-lieutenant au 49e Régiment d'Infanterie. La Croix de la Légion d'honneur a été attribuée à sa mémoire, *Journal Officiel* du 8 août 1919 — avec la citation suivante : « Mort pour la France. Jeune officier instruit et travailleur, d'un courage et d'un sang-froid remarquables. Le 5 mai 1917 a conduit sa section avec un entrain communicatif pendant les travaux d'organisation de la position conquise, et, sous un violent bombardement, a donné un bel exemple de mépris du danger en encourageant ses hommes et en les excitant à travailler. A été tué au milieu de sa troupe. A été cité. »

M. Georges Buret était le fils de notre confrère M. le Com. Buret.

Roquebert, Louis, soldat au 49e Régiment d'Infanterie, notre confrère, a mérité la citation suivante : 1° à l'ordre du Régiment le 14 Avril 1918 : « Agent de liaison très dévoué et de grand courage. S'est dépensé sans compter le 30 mars 1918, pendant l'attaque du bataillon, accompagnant les brancardiers sur la ligne de feu, les aidant dans leur relève des blessés. A lui-même ramené de nombreux blessés au poste de secours avancé ». Signé : Colonel de France, Commandant le 49e Régiment d'Infanterie.

2° à l'ordre de la Brigade : « Soldat remarquablement courageux et dévoué; volontaire pour toutes les missions périlleuses. A fait preuve des plus belles qualités militaires au cours des derniers combats d'octobre 1918. » Signé : Général Tahon, commandant l'infanterie divisionnaire de la 36e Division.

Ribeton, Jean, médecin aide-major au 58e Régiment d'artillerie, notre confrère, a mérité les citations suivantes : 1° à l'ordre du Régiment, le 28 janvier 1917 : « Au front depuis le début de la campagne, a toujours assuré son service avec le plus grand dévouement. Le 26 Janvier 1917, s'est porté sous un violent bombardement de gros calibre à une position de batterie et y a organisé le sauvetage des blessés dans une sape à demi effondrée où 11 hommes venaient d'être ensevelis, menaçant à chaque instant d'écroulement total : » Signé : lieutenant-colonel Chaumeton, Ct le 58e R. A. C.

2° à l'ordre de la 36e Division d'Infanterie, le 20 juin 1918 : « A fait, dans la nuit du 8 au 9 juin 1918, preuve d'un beau courage, en restant avec tout son personnel auprès de sa voiture, en panne dans un village très violemment bombardé; grâce à son sang-froid, a pu amener tout son personnel et son matériel de secours et soigner toute la nuit de nombreux blessés. » Signé Général Mittelhauser, commandant la 36e D. I.

Les Baillis du Pays de Labourd

Le pays de Labourd tire ce nom de son ancienne capitale, *Lapurdum*, dont il est fait mention dans la *Notitia dignitatum Imperii*, vers la fin du IVe siècle, et dans Sidoine Apollinaire, (1) qui écrivait dans la seconde moitié du Ve. J'ai raconté ailleurs dans quelles circonstances *Lapurdum* devient le siège d'une vicomté, vers 1023, et fut érigé en cité épiscopale, vers 1030 (2) ; enfin, comment, son nom se changea en celui de Bayonne, entre 1098 et 1105 (3).

Le vicomte Arnaud-Bertrand, le comte de Bigorre et le vicomte de Dax s'étant révoltés contre l'autorité du duc d'Aquitaine, en 1177, Richard Cœur de Lion, après avoir soumis Dax, mit le siège devant Bayonne, s'en empara le 6 ou le 7 janvier 1178, et l'unit au domaine ducal (4). Aussi Guillaume-Raymond de Sault, neveu et successeur d'Arnaud-Bertrand, ne posséda-t-il la vicomté que diminuée de sa capitale, et il la vendit à Richard, devenu roi d'Angleterre, peu après, le 9 avril 1193 (5).

En cette même année 1193 (6), Richard Cœur de Lion promulgua la charte dite des malfaiteurs, afin de maintenir la justice et pour le profit de la terre de Bayonne et de la vi-

(1). — Liv. VIII, ép. 12.

(2). — *La Vasconie*, Pau 1893-1902, in-8°, t. 1er, pp. 207 et suiv., t. II Introd., p. XII. et pp. 233-250.

(3).—*L'Evêché de Bayonne et les légendes de St-Léon*, 1917, in-8°, pp. 58-59.

(4). — Id. pp. 60 et 140-141.

(5). — *La Vasconie*, t. II, p. 247. *L'Evêché de Bayonne*, pp. 60 et 143-144.

(6). — M. Balasque date cet acte de 1190, avant la croisade, mais arbitrairement, il le reconnaît (*Etudes hist. sur la ville de Bayonne*, 1875, in 8° t. 1er. p 244). En effet, il y avait encore un vicomte de Labourd, en 1190, Hélie de Celles était sénéchal de Poitou et de Gascogne, à cette époque, et Geoffroy de Celles, son successeur le fut de 1193 à 1201. — Voy. *L'Evêché de Bayonne*, p. 144 n. 2.

comté, étant témoins Guillaume-Bertrand, évêque de Dax, Bernard de Lacarre, évêque de Bayonne, et Geoffroy de Celles, sénéchal de Poitou et de Gascogne, et ce diplôme porte qu'un bailli du seigneur sera établi hors de la cité, c'est-à-dire en Labourd (1). Mais cette charge ne fut instituée qu'une cinquantaine d'années plus tard, et jusque vers 1245, le sénéchal de Gascogne administra la vicomté soit en personne, soit par des lieutenants dont les noms ne nous sont pas parvenus (2).

Le bourg d'Ustarits, qui se trouvait au centre du pays et possédait un château royal — anciennement vicomtal, sans doute, — devint le siège de la cour de justice du sénéchal ou de son lieutenant, puis de celle du bailli. Le 13 juillet 1243, Henri III envoyait Franc de Brena à Ustarits pour y fortifier le château, à la demande du maire et des prud'hommes de Bayonne et des prud'hommes de Labourd (3), et le 16 août suivant, mandait à Guillaume Longuépée, alors occupé au siège du château de Garro, qu'aussitôt cette place prise et pourvue de moyens de défense, il se rendît à Ustarits, pour activer ces travaux de fortification (4).

Lorsque le roi d'Angleterre eut créé une charge de sénéchal des Lannes en faveur d'Amauvin de Barès, le 18 février 1254 (5), le Labourd et quinze autres bailies ou prévôtés furent comprises dans cette nouvelle sénéchaussée (6) dont le siège était à Dax et qui relevait elle-même de la sénéchaussée de Guyenne et Gascogne.

---

(1). — Arch. de Bayonne, *AA*. 11, p. 8.— Document publié par M. Balasque, *Etudes sur Bayonne*, t. Ier, pp. 419-425.

(2). — On trouvera une nomenclature assez complète des sénéchaux de Gascogne ou de Guyenne dressée par M. l'abbé Tauzin, dans l'*Aide-Mémoire pour servir l'histoire de l'Agenais* de M. de Bellecombe, publiée par M. G. Tholin, Auch, 1899, in-8°, pp. 15 et suiv.

(3). — *Rôles Gascons*, t, Ier, n° 1222.

(4). Id. n° 1480.

(5). — Id., n° 2429.

(6).— M. Ch. Bémont en a donné la liste dans les *Rôles gascons*, t. III, Introd. p. ,ccxxx n°3.

Les bailes ou baillis et les prévôts étaient des officiers royaux pris d'ordinaire parmi les vassaux nobles du roi, de même que les connétables ou commandants des places fortes, et il n'y avait entre les premiers d'autre différence que celle de leur titre. Au XIIIe siècle, et encore au XIVe ils étaient nommés « *quamdiu regi placueril* », moyennant un cens annuel à payer au souverain, après enchères publiques, comme des fermiers ou des collecteurs d'impôts et devaient rendre compte de leur gestion au connétable de Bordeaux qui était un clerc et avait pour mission spéciale le contrôle et la répartition de revenus du duché (1).

Commis à la garde du pays, le bailli de Labourd commandait la milice et administrait la justice en première instance, au civil et au criminel. Les appels allaient à la cour du sénéchal des Lannes, à Dax, et de là à celle du sénéchal de Gascogne, à Bordeaux.

Les Labourdins devaient au roi un cens annuel en nature, blé ou autres choses, que percevait le bailli, et celui-ci jouissait aussi, comme représentant du souverain, d'un droit d'aubergade ou de gîte sur toutes les maisons du pays. En 1321, Hugo Huguelini, connétable de Bordeaux (2), et Pierre Amalby de Vic (3), commissaires députés par le sénéchal de Guyenne, ordonnèrent que le cens en nature serait remplacé par une redevance annuelle de 10 sols morlans et que le droit d'aubergade transformé en un cens de 6 sols morlans. Cette ordonnance ayant été approuvée par Pierre de Saint-Jean, évêque de Bayonne, et par Jean de Bretagne, comte de Richemont, commissaires députés par Edouard II pour la réformation du domaine de Guyenne,

(1). — Ch. Bémont, *Supplément au t. 1er des rôles gascons*, introd. pp. cxx-cxxi.

(2). — Omis par Champollion-Figeac dans la table chronologique de 1276 à 1439 (*Lettres des rois, reines*, etc. grand in-4°, t. II, pp. 479-480.

(3). — Evidemment Pierre-Araud de Vic (*Petrus Arnaldi de Vico*), chanoine de Bayonne et clerc du roi qui figure dans un traité de 1311, comme commissaire d'Edouard II (*Livre des Etablissements de Bayonne*, in-4° p. 264.

les Labourdins en demandèrent la confirmation au roi, qui la leur accorda (1).

***

Pour que la justice fût équitablement administrée, les habitants rédigèrent des règlements et statuts qu'ils firent approuver, en l'an 1400, par Henri IV, roi d'Angleterre et duc de Guyenne ; j'en extrais ce qui suit :

Selon la coutume, le bailli, lors de sa réception jure aux habitants convoqués de ne leur faire aucun tort, et ceux-ci, à leur tour, jurent de lui être fidèles et obéissants. Si le bailli ne les appelle et refuse de prêter le serment, les habitants ne seront pas tenus de lui obéir jusqu'à ce qu'il ait juré, et ils pourront se pourvoir pardevant le roi, le sénéchal, le connétable, ou les autres officiers. — Il est stipulé, entre autres choses, que les habitants nommeront annuellement deux bons prud'hommes qui seront confirmés par le bailli et prêteront serment de veiller à l'exécution de ces statuts. Le cas échéant les habitants seront tenus de donner aide et secours au bailli ou à son lieutenant (2).

En la même année, le roi approuva aussi les statuts de de l'*hermandad* (3) des Labourdins que le bailli était tenu de jurer, tenir et observer. L'art. XIII porte que si un habitant est accusé de crime et que le bailli veuille le mettre en prison, il pourra offrir caution au bailli et à la partie plaignante. En ce cas, le bailli sera tenu de le laisser en liberté, et si le bailli veut passer outre, l'*hermandad* portera secours à l'accusé. — Tous les hommes de l'*hermandad*, âgés de quatorze ans et au-dessus, étaient tenus de jurer ces statuts (4)

(1)— *Inventaire et description faits en l'année* 1713 *des Privilèges, Réglements, Titres et aventures qui concernent le Pays de Labourd; réimprimés en l'année* 1785, *à la diligence de M. Haramboure, Syndic général dudit Pays, Bayonne*, petit in-4°, p. 4.

(2) — *Inventaire et description* de 1713, pp. 8-10. — Rymer, *Fœdera*, etc, t. III, part. IV, p. 180.

(3). — Confrérie, association fraternelle.

(4). — Inventaire et description, pp. 11-13.

I

Sous les Rois d'Angleterre.

I. — SEIGNERON D'ESPÈS, gentilhomme du pays de Soule, est qualifié bailli de Labourd et prévôt de Bayonne (Seignoro, baile de Labort et prebost de Baione) (1) dans un acte passé dans cette ville, le dimanche XI des calendes de janvier (22 décembre) de l'an du Seigneur 1247, Henri III étant roi d'Angleterre, Guillaume de Bueil, sénéchal de Gascogne, et Raymond-Guillaume de Donzac, évêque de Bayonne, reconnut avoir reçu de Pierre de Livarren, chanoine, huit livres, moins cinq sols morlans, en augmentation du prix d'engagement de la dîme de la maison de Sault et de toute la paroisse de Hasparren, qu'avait fait au même chanoine feu Pierre-Arnaud, seigneur de Sault, son père (2).

Guillaume-Arnaud, seigneur de Sault, frère et successeur d'Arnaud (3), ayant exposé que pendant qu'il se trouvait à Bordeaux, au service du roi, son frère puiné, Pierre-Arnaud, s'était emparé du château de Sault et refusait de le lui rendre, Henri III ordonna au bailli de Labourd, le 3 octobre 1253, d'occuper ce château, s'il pouvait le faire, sans occasionner de troubles, et de le garder jusqu'à ce que la justice eût décidé entre les deux frères (4). Par d'autres lettres du même jour, le roi avisa le bailli qu'il permettait aux prud'hommes d'Ustarits de jouir des libertés et coutumes dont ils avaient usé et joui du temps de Nicolas de Molis, sénéchal de Gascogne, et d'autres sénéchaux (5).

Seigneron d'Espès avait récemment quitté cette charge

---

(1) — M. Pierre YTURBIDE (*Le Pays de Labourt avant 1789*, Bayonne 1906-1908, in-8° IIe part. p.6) l'identifie à tort selon les documents avec un Seigneron de Clairac qui figure dans trois rôles gascons comme servant le roi, en 1243 et 1254, et comme connétable de Castelmoron, en 1255.

(2) — Arch. de B.-P., G, 77, - Publié par M. l'abbé BIDACHE à la suite du *Livre d'or de Bayonne*, 1906, pp 278-280.

(3). — Voy. JAURGAIN, *La Vasconie*, Pau, 1898-1902, t, II, p. 510.

(4). — FRANCISQUE-MICHEL, *Rôles gascons*, in-4°, t, 1er, n° 2705.

(5). — Ibid., n° 2706.

de bailli de Labourd, le 28 mai 1254 (1), et était déjà pourvu de celle de prévôt de Meilhan dès le 8 du même mois (2). On le retrouve prévôt de la Réole le 3 mai 1257 (3).

II. — Guillaume-Arnaud, seigneur de Tardets, chevalier de la vicomté de Soule, qui reçut, en septembre 1253, un mandement de Henri III lui enjoignant et le priant d'envoyer à son armée de Guyenne cent servants et une cinquantaine d'arbalétriers (4), avait déjà succédé à Seigneron comme bailli, quand il fut chargé, le 25 mai 1254, de négocier, par tous les moyens et pouvoirs du roi en Labourd, des trêves jusqu'à la Noël suivante entre les lignages de Garro et de Sault (5). Henri III ayant quitté Bordeaux dans les premiers jours de novembre 1254, en laissant le gouvernement de l'Aquitaine à son fils aîné Edouard, apanagé de ce duché dès 1249, celui-ci, arrivé à Saint-Sever à son retour d'Espagne, informa ses fidèles sujets du Labourd, le 3 décembre 1254, qu'il continuait à Guillaume-Arnaud de Tardets, chevalier, porteur de ces lettres, tous les pouvoirs, que ce dernier avait exercés dans ce pays, durant l'absence du prince (6).

Le 30 Juillet 1245, le duc d'Aquitaine manda, du château de Gramont, en Navarre (7), à Jean le Parker, l'un des baillis de la sénéchaussée des Lannes, et à Guilaume-Arnaud de Tardets de contribuer, avec tout l'argent qu'ils pourraient tirer de leurs baillives, aux réparations de cette forteresse dont le jeune prince venait de s'emparer (8), et

(1). — Ibid., n° 3253, 3321 et 3650.

(2). — Ibid., n° 3184.

(3). — *Arch. hist. de la Gironde*, in-4° t, II, p. 276.

(4). — *Rôles gascons*, t, Ier, n° 3575.

(5). — Id., n° 2584.

(6). — *Supplément au t. Ier des Rôles gascons*, n° 4326.

(7). — Le château de Gramont, depuis longtemps disparu, était situé sur la montagne de la *Moulary*, entre Bergouey et Charritte de Mixe, et c'est au pied de cette montagne que se trouve le village de Viellenave — en basque Errity, (aujourd'hui dans le canton de Bidache) — dont la fondation est, comme l'indique son nom, postérieure à celle du château.

(8)— *Suppl au t. Ier des Rôles gas.*, n° 4522, Voy. Jaurgain, *La Vasconie* t. II, pp. 85 et 88.

le 7 octobre suivant, il en nomma connétable le seigneur de Tardets (1).

Par d'autres lettres datées de Bordeaux le 23 du même même mois, Édouard donna à son cher et fidèle Guillaume-Arnaud de Tardets, chevalier, le commandement des hommes que le comte de Leicester avait préposés à la garde de la Soule, quand il gouvernait la Gascogne, et le chargea de les défendre de tout dommage ou de toute injure de la part du vicomte et tous autres (2).

Des différends surgirent bientôt entre le vicomte de Soule et son vassal Guillaume-Arnaud de Tardets, et une guerre s'ensuivit. Le VI des calendes d'octobre, mardi 26 septembre (3) 1256, à Dax, un traité de paix fut conclu à la médiation de Gaston VII, vicomte de Béarn, Pierre de Bordeaux (sénéchal de Gascogne, en 1253, et lieutenant du prince Edouard en 1255), Pierre, vicomte de Tartas, Garcie-Arnaud, seigneur de Navailles, et des maire et communauté de Dax, arbitres, entre Etienne Longuépée, sénéchal de Gascogne, d'une part, et Raymond-Guillaume, vicomte de Soule, de l'autre. Quelques hommes du parti de Guillaume-Arnaud de Tardets, chevalier, avaient été tués par le vicomte de Soule ou ses vassaux, et par défauts de comparution aucune sentence n'était intervenue. Les arbitres décident que les deux partis jureront sur les saints évangiles d'observer, à l'égard l'un de l'autre et à l'égard du prince Edouard, une paix absolue. Si le vicomte de Soule, ses fils légitimes, son bâtard, ou l'un de ses gentilhommes tuent le seigneur de Tardets ou un de ses partisans, toute la vicomté passera sous l'obéissance du prince Edouard qui en deviendra seigneur; et si quelques-uns des partisans de Guillaume-Arnaud de Tardets tuent le vicomte de Soule, l'un de ses fils

---

(1). — *Suppl. au t. Ier des R. g.* n° 4573 et 4675.

(2). — *Rôles gascons*, t. II, n° 4642.

(3) — Et non 28 sept, comme l'a écrit M. Ch. Bémont, *Recueils d'actes relatifs à l'administration des rois d'Angleterre en Guyenne au* XIIIe *siècle*, Paris, 1914, in-4°, p. 138.

légitimes, son bâtard, ou l'un de ses gentilhommes, tout les biens du seigneur de Tardets et de ses adhérents seront affectés à payer une amende dont le chiffre sera déterminé par les arbitres. Enfin, à cause des meurtres commis sur des hommes du seigneur de Tardets, le vicomte de Soule promet d'envoyer en pélerinage d'outre-mer deux chevaliers et deux damoiseaux (1).

On ne sait à quelle époque Guillaume-Arnaud de Tardets fut déchargé de l'administration du Labourd, mais il y eût probablement un ou deux baillis, au moins, entre lui et son successeur connu. Le dimanche après la fête de *San Ylari* (2), de l'an 1285, la veuve de ce seigneur de Tardets, NArnaude, dame d'Ahaxe, et NArnaud-Sanche, leur fils aîné et héritier, transigèrent avec les prud'hommes de la ville de Saint-Jean et de la terre de Cize, au sujet de la propriété de dix-huit cayolars (3).

III. Elie de Hauville., chevalier, est nommé et qualifié « Mossen N'Alies de Haubile, cavoir, tienlog de senescau de Gascoinhe, e maire e chastelain de Baione, e *sen escau de les terres de Laborl, de Gousse e de Seignanes* en log e en (nom) dou haut prince nostre senhor N'Adoart, noble roi d'Engl. », dans un acte fait à Bayonne, le 29 juin 1275 (4), et « N'Elies de Hubile, caver, ten(en) log de senescau per mon senhor En Lucas de Tany, senescau de Gascunha » dans un autre document du 27 mars 1275, (n. st). (5) Sans doute administrait-il déjà les trois bailliages de Labourd, de Gosse et de Seignanx à cette dernière date, comme lieutenant du sénéchal.

IV. — Fratin de Fargues (*Fralinus de Fargis*) damoiseau, probablement successeur immédiat d'Elie de Hauville,

(1). — Voy. *La Vasconie*, t. II, p. 473.

(2)— Et non de *Saint-Jean*, comme je l'ai dit dans *La Vasconie*, t. II, p. 254, d'après une copie fautive qui se trouvait autrefois aux archives communales de Saint-Jean-Pied-de-Port.

(3). —Bibl. nat. mss. *Collection Duchesne*, 114, f° 19.

(4). — Bémont, *Recueil d'actes*, p. 189.

(5). — Ibid., p. 236.

en tant que bailli de Labourd seulement, occupa une première fois cette charge pendant dix années continues (1279-1289) avant la dernière guerre de Gascogne, disait-il lui-même dans une enquête de 1311 qui sera analysée ci-après; au § XII.

V. — Brasco de Tardets, damoiseau et servant du roi, l'un des fils puinés de Guillaume-Arnaud, seigneur de Tardets, et d'Arnaude d'Ahaxe, paraît avoir eu le bailliage de Labourd dès les premiers mois de 1289, comme l'a fort bien remarqué M. Pierre Yturbide (1), et divers mandements adressés au bailli sans indication de nom, du 25 avril 1289 au 7 juin 1291 (2), se rapportent sans doute à Brasco de Tardets. Le 29 juillet 1289, Edouard Ier, déclare qu'il a concédé à Brasco de Tardets, son servant d'armes et bailli de sa terre de Labourd, avec le conseil du chanoine de Bayonne Pierre-Arnaud de Vic, clerc du roi, le droit d'établir une ferrerie dans ledit pays de Labourd (3).

VI. — Fratin de Fargues, damoiseau était, pour la seconde fois, bailli de Labourd en 1294, quand commença la guerre de Gascogne d'après sa déclaration dans l'enquête 1311.

VII. — Garcie-Arnaud, vicomte de Maremne, fut pourvu de la charge de bailli de Labourd, en 1295. Le roi Edouard manda à son frère Edmond, comte de Lancastre, son lieutenant en Aquitaine, le 15 novembre 1295, qu'il avait assigné la mairie et la châtellenie de Bayonne à Pascal de Ville (4), meis que, celui-ci étant retenu ailleurs, par le service du roi, il commit à sa place Garcie-Arnaud, vicomte de Maremne, en la châtellenie de Bayonne et aux bailliages de Gosse, de Seignanx, et de Labourd; pour les détenir et garder avec leurs revenus et appartenances du-

(1). *Le Pays de Labourd*, Ire part. p. 14.

(2). — *Rôles gascons*, t. II, n°s 1593, 1628, 1746, et t. III n° 1897.

(3). — *Rôles gascons*, t. II, n° 1215.

(4). — Le 1er mars 1295, (R.-g., III, n° 3884).

rant sa volonté. Voulant éviter toute contestation à ce sujet entre le vicomte et Pascal de Ville, Edouard Ier prie son frère de régler les choses au mieux, selon les lettres royales qu'ils ont et d'après les circonstances (1).

VIII. — Barrau de Sescas, chevalier, remplit les fonctions de châtelain de Bayonne et de bailli de Labourd du 5 août 1303 au 11 avril 1304 (2). Il fut, depuis, l'un des lieutenants du roi en Guyenne.

IX. — Pierre Vital de la Testere, citoyen de Bayonne et valet du roi, fut pourvu du bailliage de Labourd et de ses appartenances, le 24 avril 1305, moyennant le prix, c'est-à-dire le cens annuel, que d'autres en voulaient donner (3).

X. — Loup-Bergon de Bordeu, bourgeois et marchand de Morlaàs, était, d'après l'enquête du 26 mars 1331, bailli de Labourd trois ans avant cette date, c'est-à-dire en 1308. Baile et châtelain d'Orthez pour Gaston VII, vicomte de Béarn, (4), à la mort de celui-ci, en 1290, il passa au service du roi d'Angleterre et toucha à Bayonne, le 3 novembre 1295, une somme de 10 l. st. pour ses dix compagnons armés et à cheval. (5).

XI. — Brasco de Tardets, damoiseau et servant du roi, bailli de Marensin en 1304-1305, et, en cette dernière année, exécuteur testamentaire, avec Jean de Tardets, de feu Arnaud-Sanche, seigneur de Tardets, chevalier, leur frère aîné (6) fut, pour la seconde fois, bailli de Labourd en 1310-1311. Il paraît comme tel dans l'acte de fondation d'une chapellenie à Hasparren, le 25 novembre 1310 (7).

---

(1). — Id, III, n° 4068.

(2)—Accounts etc, Exchequer *G. R.* Bundle, 159, n° 4 (Bémont, *Rol. gasc* III, Introd. p. xcviii.

(3). — *Rôle gasc.*, III, n° 4993.

(4) — Arch. des Basses-Pyrénées, *E.* 292 et 293. *Rol. gasc.*, II, n° 1803,

(5). — *Accounts, Exchequer, Q. R.* Bundle; 152, n° 8. (*Rol. gasc.*, III Introd. p. clviii).

(6). — Rôl. gasc. III, n° 4926 (2).

(7). — *Livre d'or de Bayonne*, publiée par M. l'abbé Bidache, p. 266.

et le 18 janvier 1311 (n. st.), il procède en la même qualité, au village d'Arcangues, à une enquête ordonnée le vendredi précédent par la cour d'Ustarits, sur la demande de N'Arnaud-Sanz de Luc, citoyen de Bayonne et seigneur de Berriots, et de divers habitants d'Arcangues, au sujet des limites de leurs terres (1).

XII. — FRATIN DE FARGUES, damoiseau, bailli pour la troisième fois, succéda à Brasco de Tardets avant le 26 mars 1311. Dans une enquête faite, à cette date (*die veneris post festum Annunciationis beatae Mariae virginis, anno Domini M° cccxij°*) par des commissaires d'Edouard II sur les droits du roi et la propriété des eaux, forêts et vacants dans le pays de Labourd; *Fratinus de Fargis, domicellus, bajulus de Labourt* dit, après avoir prêté serment, que toute cette terre de Labourd est tenue immédiatement du roi d'Angleterre, duc d'Aquitaine, par les nobles et les habitants.

D'après le bailli et huit autres témoins entendus, le roi a la haute justice sur tous les habitants nobles et non nobles, ainsi que la basse justice sur ses tenanciers et il l'exerce par la main du bailli, en la cour royale d'Ustarits. Les nobles sont juges en cette cour et ont aussi la justice basse sur les tenanciers de leur directe. Pour leur tenue immédiate, les habitants doivent au roi le service militaire d'ost et de chevauchée, à leurs frais, pendant quarante jours. Fratin de Fargues jouit de la baillive à ferme moyennant une somme de 300 livres par an, cens qu'il trouve trop élevé de moitié. Il avait, dit-il, déjà occupé cette charge durant dix années continues avant la dernière guerre de Gascogne, puis, une seconde fois, quand cette guerre commença. Un autre

---

(1). — Arch. du château de Haïtze, à Ustarits. Document publié par M. P. YTURBIDE (*Le Pays de Labourt*, IIe, part., p. 145.

témoin parle de Loup-Bergon (1) qui avait été bailli de la terre trois ans avant cette enquête. (2).

XIII — MARTIN, SEIGNEUR DE HIRIGOYEN d'Ustarits, damoiseau, succéda au précédent. Comme seigneur suzerain du duché de Guyenne, Philippe le Bel prétendait que tous les appels de la sénéchaussée de Gascogne fussent portés devant son conseil, à Paris, et, au mois d'octobre 1312, 1312, Amanieu VIII, sire d'Albret, vicomte de Tartas et de Dax, et ses adhérents provoquèrent par-devant l'inquisiteur et commissaire du roi de France, une enquête sur les griefs qu'ils avaient contre Jean de Ferrière, sénéchal de Guyenne et un grand nombre de gentilhommes gascons, béarnais et basques, parmi lesquels sont nommés Odon de Miossens, châtelain de Mauléon, Loup-Bergon de Bordeu, prévôt de Bayonne, Martin de Hirigoyen, bailli de Labourd Martin, seigneur de Domezain, Pierre-Arnaud, seigneur de Tardets, et ses complices, etc. Yves de Landunac, docteur en droit, commissaire de Philippe le Bel, fit publier à son de trompe, dans la ville d'Agen, le 4 janvier suivant, une sentence de défaut qui condamnait au bannissement les principaux personnages incriminés dans cette affaire (3) ; mais, sur l'intervention du roi d'Angleterre, ils obtinrent des lettres de grâce (4).

XIV. — LOUP-BERGON DE BORDEU, que le roi Edouard 1er qualifiait *mercalorem noslrum Vasconie*, le 26 novembre

(1)— Le texte publié par M. BALASQUE, d'après une copie des archives de Bayonne, porte *Loup L.*, et M. Pierre YTURBIDE (*Le Labourd* 1re p. 22) a proposé d'identifier ce personnage avec « Armand-Loup de la Lanne, (en latin *Lupus Lannac*) notable bayonnais qui se trouva mêlé aux multiples événements de cette époque ». Mais bayonnais ou non, Armand-Loup de La Lanne avait été tué avec Bernard de La Lanne, son frère avant le 18 juin 1293, par Raymond de Saint-Paul, Jean de Ville, Jean du Puy et Pierre-Arnaud d'Orthe. (*Rol. gas.*, III no 2163) et l'original de l'enquête de 1311 portait certainement Loup-B. c'est-à-dire Loup-Bergon de Bordeu qui, deux fois encore, fut bailli du Labourd.

(2) — BALASQUE, *Et. sur Bayonne*, t, II, pp. 691-700.

(3). — Bibl. nat, mss., *Collection Doat*, vol. XVI os 70 et 90.

(4).— Arch. nat. *Trésor des Chartes*, *JJ.* 49, fo 43 vo. BALASQUE *Etudes sur* BAYONNE, III, p. 93

1297 (1), exerça les charges de prévôt et châtelain de Bayonne de 1299 à 1302 (2), encore de prévôt de la même ville en 1312, et fut pourvu, pour la seconde fois de celle de bailli de Labourd, par lettres d'Edouard II du 7 mai 1313 (3) à la charge de payer au roi un cens annuel de 300 livres bordelaises (4); le même jour, le roi d'Angleterre mandait au sénéchal de Gascogne et au connétable de Bordeaux de mettre Loup-Bergon en possession de son nouvel office (5). Le 15 mai 1315, Edouard II, sur les représentations d'Amaury de Craon, sénéchal de Gascogne, et de Loup Bergon de Bordeu, bailli de Labourd, permit d'agrandir et fortifier le port de Biarritz (6), et en la même année, Loup-Bergon fut nommé maire de Bayonne pour trois années (7).

XV. — Armand-Guillaume de Mauléon, damoiseau, rejeton de la maison vicomtale de Soule (8), fut probablement le successeur immédiat de Loup-Bergon, en 1315. Le 15 avril 1320, Philippe le Long, roi de France mande au sénéchal de Périgord de faire une enquête contre Arnaud-Guillaume de Mauléon, bailli de Labourd, prévenu d'avoir fait tuer quatre des gens d'Arnaud-Sanz de Luc, bourgeois de Bayonne, bien que ledit Arnaud-Guillaume lui eût donné sûreté (9).

---

(1). — *Rol. gasc.* III, n° 4505.

(2). — Balasque, *op. cit*, III, pp. et suiv.

(3). — Dans son *Catalogue des Rolles gascons normans et français*, Londres 1743, Th. Carte dit le 7 mai 1314; mais je constaterai une fois pour toutes que les dates y sont souvent erronées quant à l'année, indiquée dans les rôles pour celle du règne. D'après M. Francisque-Michel (*Roles gascons*, I, Introd., p. V) la publication de Carte est une pauvre source à laquelle on a puisé trop longtemps, elle fourmille d'erreurs, et M. Ch. Bémont, *Suppl. au t. Ier*, Introd., p. LX), s'associe à ce jugement.

(4). — *Moreau*, 643 f° 306.

(5). — Ibid.

(6). — *Inventaire et description faits en l'année* 1713 *des Privilégés, Réglements.. qui concernent le pays du Labourd, réimprimé* en 1785, petit in-4, p. 4.

(7). — Arch. de Bayonne, *AA*, I, p. 122. — Balasque, Et. sur Bayonne III, p. 623.

(8). — Voy. *La Vasconie*. p. 474.

(9). — Parlement de Paris, *Criminel*, III, f° 19 v°.

XVI. — LOUP-BERGON DE BORDEU, de nouveau prévôt et châtelain de Bayonne, fut aussi, pour la troisième fois, bailli de Labourd de 1325 (1) à 1328, ainsi que nous l'apprend la commsision de son successeur. Loup-Bergon eut avec Guillaume-Arnaud II, seigneur de Sault-Neuf et d'Urt, un différend dont celui-ci saisit, par appel, le sénéchal Jean de Haustède : « 1327. Enqueste à future memoyre faicte par commissaire du senneschal de Guyenne, à la requeste du seigneur de Sault, contre le baillif de Labourt pour rayson de la saizie qu'il avoit faict du boys et grand territoire de sa parroisse d'Urt, pour vérifier que led. boys luy appartient (2) ».

XVII. — GUILLAUME DE CAMPAIGNE, de la famille des seigneurs de la caverie de Campaigne, à Saint-Pandelon, en la sénéchaussée des Lannes, est nommé bailli de Labourd, le 20 septembre 1328, *en remplacement de Loup-Bergon de Bordeu*, pour tout le temps qu'il plaira au roi. (3).

XVIII. — LAURENT DE VILLE, citoyen de Bayonne, qui avait été plusieurs fois maire de la cité, fut pourvu de la charge de bailli par lettres du roi Edouard III, le 1er mai 1329 (4).

XIX. — RAYMOND DURAND, chevalier, sénéchal des Lannes en 1326, et une seconde fois en 1328 (5), ayant perdu pendant la guerre, diverses terres qu'il possédait en Agenais avait obtenu d'Edouard II, comme dédommagement une pension de 100 l. sterl. Par lettres du 26 janvier 1330, le nouveau souverain, Edouard III, lui concéda à perpétuité la baillive et terre de Labourd, avec les revenus royaux jusqu'à concurrence des dites 100 livres, à la réserve pour le

(1)—Il fut remplacé en cette année-là dans sa charge de prévôt et châtelain de Bayonne (BALASQUE, op. cit, p. 156), et ce fut comme compensation, sans doute, qu'il obtint le bailliage de Labourd.

(2). — Arch. de Jaurgain, *Inventaire de Trésor de Bidache*, dressé en 1570-1572, manuscrit in-f° URT, f° 57.

(3). — *Moreau*, 647, f° 309.

(4). — Id., 648, f° 17.

(5)— A. de BELLECOMBE, et G. THOLIN, *Aide-mémoire pour servir à l'histoire de l'Agenais*, p. 36.

roi des droits de haute et basse justice, sauf dans les paroisses de Guiche, Bardos, Urt et Briscous où le concessionnaire et ses héritiers pourraient les exercer. (1). Le 3 octobre 1332, le roi d'Angleterre mande au sénéchal de Gascogne de faire droit à la plainte de Raymond Durand, sénéchal des Lannes, qui a été dépouillé par Guitard d'Albret, vicomte de Tartas, du lieu de Guiche acquis par ledit Raymond Durand et dont l'achat avait été confirmé par le roi (2).

XX. — Raymond de Batz figure comme bailli de Labourd dans un accord fait à Biarritz, le dimanche après la Sainte-Croix de septemre 1335, entre les maire, jurats, citoyens et université de Bayonne et les habitants de Biarritz, au sujet de la pêche à la baleine. (3).

XXI. — Auger de Sault, second fils de Guillaume-Arnaud, seigneur de Sault-Neuf de Hasparren, et de N. de Domezain, (4), fut pourvu, par lettres royales du 4 janvier 1338, de la charge de bailli de Labourd, sa vie durant, moyennant un cens annuel à payer au roi. (5).

Un chevalier de l'Agenais, Arnaud de Durfort, seigneur de Frespech (6), ayant eu ses biens confisqués pr le roi de France, obtint d'Edoaurd III, par lettres du 12 février 1338, la concession à perpétuité pour lui et ses descendants de divers lieux et territoires et, entre autres, de la terre et du bailliage de Labourd, avec les paroisses de Guiche, Bardos, Urt et Briscous (7). Mais lorsqu'il voulut faire valoir ses droits, les Labourdins tinrent la campagne en bandes

(1). — *Moreau*, 648 f° 95.

(2). — Id., 697, f° 297.

(3). — *Livre des Etablissements de Bayonne*, p. 251.

(4)— Voy. Jaurgain, *La Vasconie*, t, II, p. 314. *Châteaux basques, Urtubie*, Bayonne, 1896, in-8° p. 7, n° 1.

(5). — *Moreau*, 649, f° 251.

(6)— Arnaud de Durfort, seigneur de Frespech, chevalier, figure dans un rôle du 6avril 1332 avec son fils Arnaud et ses trois neveux, Arnaud de Bouville, Arnaud Odon et Auger de Lomagne (*Moreau*, 697, f° 256).

(7). — Carte, *Catalogue des rôles gascons*, t, 1er p. 109.

armées et lui opposèrent une résistance énergique (1). Arnaud de Durfort trouva aide et secours auprès des Pées de Puyanne, qui, avec le titre de vicaire, occupait alors la mairie de Bayonne et Edouard III, en remercia les Bayonnais par une lettre du 11 février 1341 (2). Le seigneur de Frespech, qui s'intitula dès lors vicomte de Labourd, réussit à occuper Ustaritz et à y installer un bailli vicomtal et des officiers de justice; mais leurs agissements donnèrent lieu à diverses plaintes de la part des Labourdins qui protestèrent vivement contre l'aliénation de leur terre.

Le 26 juillet 1341, Edouard III mandait au sénéchal de Guyenne de punir sévèrement le bailli de Labourd (non nommé), s'il continuait d'extorquer des présents ou d'en recevoir dans la gestion de son office, et de le priver même de cet office s'il ne se corrigeit (3). Deux jours plus tard, le 28 juillet, le roi d'Angleterre accueillait les représentations des habitants du Labourd : ils exposaient qu'Arnaud de Durfort, chevalier, ayant obtenu, par surprise, une concession de cette terre et tous les droits en dépendant, il se faisait rendre foi et hommage par les nobles et par tous les tenanciers, contrairement à leurs coutumes et privilèges, et que ledit Arnaud de Durfort ne s'était fait donner cette concession qu'en assurant faussement qu'il se trouvait en état de défendre le pays contre les Français ou tout autre ennemi. Les Labourdins faisait appel au roi, et Edouard III, ordonnait au sénéchal de Gascogne et à tous ses officiers de recevoir cet appel et de ne rien laisser innover au préjudice desdits habitants (4). Le 5 août suivant, sur la plainte des habitants que les officiers ne rendaient pas la justice suivant les usages et coutumes du pays, le roi prescrivit à ces officiers, sous peine d'interdiction, d'administrer la

---

(1). — Balasque, *Et. sur Bayonne*, t. III, p. 255.

(2). — *Fonds Moreau*, Balasque, *Et. histor. sur Bayonne*, t. III, p. 266.

(3). — *Moreau*, vol. 650, f° 221.

(4). — *Inventaire des privilèges.. du Pays du Labourd*. p. 7.

justice conformément à ces statuts, et enjoignit au sénéchal de Guyenne d'y tenir la main (1).

Enfin, le 22 octobre de la même année, Edouard III s'engageait vis-à-vis des Labourdins, pour lui et ses héritiers, à ne plus aliéner, par donation, vente ou autrement, ses droits seigneuriaux et de souveraineté sur leur terre et à ne plus jamais la détacher du domaine de la Couronne. Il évoquait en même temps les donations qu'il avait faites à Arnaud de Durfort et ordonnait au sénéchal de Gascogne de mettre la terre de Labourd en la main du roi (2).

Mais ces lettres ne furent pas exécutées, et autant pour reconnaître le concours que lui avaient prêté les Bayonnais que pour se ménager celui qu'il en attendait encore, « lo noble et poderos baron mosseinhor NArnaud de Durfort, vescompte de la terre de Labort, » leur confirma, le 25 avril 1342, les privilèges que le roi d'Angleterre, duc de Guyenne, leur avaït octroyés - prétendait-il — d'aller hors de la cité et en la terre de Labourd aussi loin qu'ils le pourraient en un jour, retour compris, d'y exploiter, comme leurs ancêtres, toutes choses nécessaires en terres vagues, bocages, landes, eaux et pâturages, et de faire juger par la cour des maire, jurats et cent pairs de la cité tous les délits et crimes commis dans le pays sur des héritages appartenant à des Bayonnais. Enfin, le soi-disant vicomte ordonnait que tout le poisson pêché à Biarritz, sauf celui nécessaire aux Labourdins pour leur nourriture, serait apporté au marché de Bayonne (3). Pées de Puyanne figure dans cet acte comme maire de la ville : il avait été, en effet, élu à cette charge au commencement d'avril, grâce à l'appui d'Olivier de Ingham, sénéchal de Guyenne, et malgré le roi qui, après s'y être formellement opposé le 4 décembre

(1). — Ibidem.

(2). — Carte, *Rolles*, I, p. 109. — *Arch. hist. de la Gironde*, XVI, p. 288.

(3). — *Livre des Etablissements*, in-4° p. 322.

1341 et le 20 mars 1342 (1) approuva néanmoins l'élection le 23 juin suivant (2).

Le 26 mai 1342, au cimetière de l'église Saint-Martin de Biarritz, les habitants du bourg, assistés et autorisés du prétendu vicomte, passèrent un accord avec le corps de ville et les citoyens de Bayonne au sujet de l'apport de leur poisson au marché et de la pêche de la baleine, en ratifiant l'arrangement qu'ils avaient faits avec les mêmes Bayonnais, le 17 septembre 1335, sous Raymond de Batz, bailli de Labourd (3).

Si la proximité de la cité obligeait les Biarrots à vivre en bonne intelligence avec leurs voisins et à subir les exigences d'Arnaud de Durfort et de Pées de Puyanne, il n'en était pas de même pour les autres habitants du Labourd qui continuèrent leur lutte contre ces oppresseurs. Aussi Puyanne les traita-t-il comme des étrangers : il leur enleva le droit de s'approvisionner en franchise sur le marché de la cité et les obligea à payer la coutume pour les marchandises achetées au dehors, qui ne faisaient que traverser la ville (4).

La commune et la juridiction de Bayonne s'étendaient des deux côtés de la Nive à deux cents mètres en amont du pont de Proudines sur la rive droite, et sur la rive gauche jusqu'au ruisseau qui limite le village de Bassussarry. Pées de Puyanne, prétendant que le flux de la marée montait plus haut que le pont de Proudines, plaça sur celui-ci des gardes chargés de percevoir les droits; mais ces agents furent assaillis par les Labourdins qui les jetèrent dans la rivière, en leur criant ironiquement de vérifier si la marée allait aussi loin qu'ils l'assuraient (5).

---

(1). — BALASQUE, *Etudes sur Bayonne*, t. III, pp. 268 et 269.
(2). — Id., p. 269.
(3). — Livre des Etablissements, p. 324.
(4). — BALASQUE, *op. cit.* p. 276.
(5). BAILAC, *Nouvelle chronique de Bayonne*, 1827, p. 70.

Ce tragique incident ne tarda pas à amener de cruelles représailles. Le dimanche 24 mai 1343, quelques gentilshommes du Labourd s'étant réunis au manoir de Miots (1), à l'occasion de la saint Barthélémy, fête patronale de Villefranque, le maire de Bayonne en fut aussitôt averti par un billet que terminait ce conseil : *Pés de Puyane, heis quent pols, no sas pas quent sera ops* (2).

« Ce maire hardi, — ajoute le chanoine Veillet (3) — animé aussi par les jurats, par les cent pairs et par toute la communauté de la ville, alla surprendre, tua ou prit tous ces gens assemblez à Miotz ; ceux qu'il prit, qui étoient des gentilshommes les plus qualifiéz du pays, à scavoir : deux de la maison de Sault, un de celle de Saint-Per, un de celle d'Urtubie et un de celle de Lehet, il les fit périr d'une manière bien cruelle ; il les fit attacher et lier aux arches du pont de Proudines, afin que la marée montant, ils y fussent noyez, pour preuver que la marée alloit encore plus loin. Ils le furent, en effet ; mais non pas impunément : les habitants de la campagne prenoient, tuoient, massacroient tous ceux qu'ils pouvoient surprendre de la ville, et ceux de la ville en usoient de même contre ceux de Labourd (4).

Les nombreux documents que j'avais réunis sur les principales familles labourdines me permirent d'identifier, dès 1896(5), les cinq gentilshommes noyés à Proudines. C'étaient : Guillaume-Arnaud II, seigneur de Sault-Neuf, et Anger de Sault, l'ancien bailli, son second fils, Martin, seigneur d'Urtubie, Guillaume-Arnaud de Sault, seigneur de

(1). — Voy. à l'appendice, une courte notice sur ce château.

(2). — Fais quand tu peux, tu ne sais quand il sera besoin.

(3). — *Recherches sur la ville et sur l'église de Bayonne*, manuscrit du chanoine René Veillet, publié par M. l'abbé V. Dubarat et M. l'abbé J. B. Daranatz, Bayonne, 1910, in-4°. p. 118.

(4). — « Au livre gothique de la Ville, page 41 verso (sic). » — Voyez à l'Appendice : *La noyade du pont de Proudines.*

(5). — *Châteaux basques, Urtubie*, in-8° p. 5.

Saint-Pée d'Ibarren, et son beau-frère Sanche, seigneur de Lahet (1).

Quoi qu'en aient dit M. Balasque et M. Yturbide (2), des preuves historiques assez concluantes témoignent en faveur du récit de Veillet. Déjà, en 1343, Edouard III avait adressé aux habitants du Labourd, nobles et roturiers, « une sorte de manifeste pour leur rappeler qu'il avait révoqué la donation précédemment faite à Arnaud de Durfort et ordonné que leur terre fut mise sous sa main royale. » Mais Arnaud ne tenant aucun compte de nos injections, — ajoutait-il, — a envahi violemment ladite terre, y a porté le fer et la flamme, et commis tant de crimes, de meurtres et d'incendies, que nous en sommes vraiment troublé. Aussi nous vous commandons, sous peine de forfaiture de corps et de biens, de ne plus obéir, à Arnaud de Durfort et de ne reconnaître d'autre supérieur direct que nous-même. A cet effet, nous vous délions de tous les serments que vous pouvez lui avoir prêtés, révoquant, du reste, à nouveau la donation que nous lui avions faite de ladite terre de Labourd (3). »

La nouvelle de l'exécution des cinq gentilshommes labourdins parvint rapidement au roi d'Angleterre qui, dès le 18 septembre 1343 (4), enleva la charge de sénéchal de Guyenne à Olivier de Ingham, le protecteur de Pées de Puyanne, pour la donner à Nicolas de la Brèche (5). Celui-ci fut sans doute chargé d'ouvrir une information judiciaire contre Arnaud de Durfort et le maire de Bayonne, car tous deux prirent la fuite et Puyanne se réfugia auprès de Raymond d'Andoins, évêque de Lescar, où il mourut (6).

1). — Sanche de Lahet avait épousé en 1317, Douce, sœur de Guillaume-Arnaud de Sault, seigneur de Saint-Pée, qui, lui-même se maria en 1322 à Béatrix de Lahet, sœur de Sanche. Voy. *La Vasconie*, t. II, pp. 513-514.

(2). — Je discuterai, à l'appendice, les opinions de ces deux auteurs.

3). — Balasque, *op. cit.*, p. 273.

(4). — Rymer, *Fœdera*, etc., t. II, IVe part. p. 152, col. 2.

(5). — Celui-ci fut remplacé, en 1345, par Rodolphe de Strafford.

(6). — Balasque, *op. cit.*, p. 292.

Un bourgeois notable, Pées de Viele ou de Ville, fut mis à la tête de la municipalité bayonnaise, avec le titre de vicaire, (1) et le 15 janvier 1344, Edouard III chargea Nicolas de la Brèche de terminer la désolante querelle des Labourdins et de la ville dont celle-ci souffrait beaucoup, personne n'osant plus en sortir et les terres de la campagne restant en friche (2).

Mais les premiers, qui prétendaient être indemnisés des pertes et sévices qu'ils avaient subis, continuèrent les hostilités contre les citadins, et le roi dut intervenir de nouveau. Le 18 septembre 1344, il ordonna au sénéchal de Guyenne de s'interposer entre eux, d'imposer des trêves, de proposer des arbitrages, d'employer enfin tous les moyens en son pouvoir pour rétablir la paix (3).

L'arbitre proposé par le sénéchal, et accepté de part et d'autre, fut Bernard-Ezi IV, sire d'Albret et vicomte de Tartas, qui rendit sa sentence quelques jours avant la Noël de la même année : *Conegude cause sie a totz* — y disait-il — *que cum guerres contrastz, desacortz, rancortz e debatz, e males voluntatz fossen e esperassent esser enter los nobles e gentiushomis e autres gentz de la terre de Labort, d'une part, e lo maire, juratz e comunitat de la ciutat de Baione d'autre, per rason de mortz, plagues, arssuris, injuris, bergoinhes e dampnages, feitz, comes, perpetratz, e datz de l'une part a l'autre, de e suber lesquoaus mortz, plagues, rauberies, arsuris, injuris, bergoinhes e dampnages*, les honorés et sages En Pées de Viele, maire, et quatorze jurats nommés dans l'acte, faisant pour eux et les autres jurats et cent pairs de la communauté et université de Bayonne, d'une part, et les nobles M. Bernard de Sault, clerc, NAuger, seigneur d'Urtubie, En Sanche, seigneur de Saint-Pée, Auger de Saint-Pée, son frère, NEspain de Sault, surnommé Boton, Guillaume-Arnaud

(1). — Il fut élu maire en avril 1344.
(2). — Balasque, *op. cit.*, p. 284.
(3). — Rymer, *op. cit.* p. 168.

de Sault, son frère naturel surnommé Gombaud, Martin-Sanche, seigneur de Sorhouette, Pierre-Martin, seigneur de Lahet, Pierre-Arnaud de Lahet, son frère, En Pierre-Arnaud, seigneur de Hirigoyen, Martin, son fils, Jean Martin seigneur de Boniort, Jean d'Urtubie, Arnaud d'Urthuburu, Jean, son fils, Pierre-Arnaud, seigneur de Saint-Jean, Pierre Arnaud, seigneur d'Ibarburu, et Pierre Arnaud, seigneur d'Urcuit, voisins et habitants de la terre de Labourd, pour eux, leurs héritiers et successeurs, nés et à naître, et pour leurs compagnons de la terre de Labourd, *aus quoaus loquave e pot loquar lodit negoci, d'autre part, se fossen compromelutz, mes e pausatz haut e bas, en nos Bernadetz, seinhor de Labrit, vescomte de Tartas, assi cum a lor arbitre arbitredor e amigable composidor, esliit acordamens per les diites partides..*

Les maire, jurats, cent pairs et communauté de Bayonne sont condamnés à payer 4.000 écus vieux du premier coin de France, de bon or et poids loyal, *ausditz gentius de Labort per instituir e fondar delz prebendes presbisteraus per les amnes dous gentius de Saul, de Sent Per, d'Urtubie, de Lehet, losquaus* MORIN A BAIONE, *so es assaber : la terce part de le dite some d'escutz de la feste de Nadau prosmant bient en hun an, le terce part a l'autre feste de Nadau, prosman seguent, et l'autre terce part a l'autre terce de Nadau apres les dites dues festes de Nadau prosman seguent.*

Item, que quoate de les dites prebendes seen instituides per los amnes dous ditz gentius de Saul deffuntz, e dues pour l'amne dou seinhor de Sent Per deffunt, dues pour l'amne dou seinhor d'Urtubie deffunt, e, autres dues per l'amne dou seinhor de Lehet deffunt.

Item, que los seinhors dous hostaus de Saul, de Sent Per, d'Urtubie e de Lehet, qui are son e seran per temps, posquen meter e presentar, e ayen dret de meter e presentar a les dites prebendes, persones suficientes; so es assaber : lo de Saul de quoate, lo de Sent Per de dues, lo d'Urtubie de dues, e lo de Lehet de dues.

Il est stipulé que ces seigneurs, et chacun d'eux pour soi et pour sa part ci-dessus déclarée, pourront instituer les dites prébendes en tout l'évêché de Bayonne, au lieu qu'ils choisiront, etc. Et les Bayonnais seront tenus d'obtenir, pour les gentilshommes, confirmation de ces prébendes par le pape, de la Noël prochaine à un an.

Les Bayonnais devront payer, en outre, avant la fête de la Noël suivante, 1.500 écus d'or neufs aux habitants du Labourd pour les dommages qui leur avaient été causés à l'instigation des maire, jurats et cent pairs alors en exercice, et cette somme sera répartie par M. Domengs du Fasar, d'après son estimation des dommages, entre les intéressés.

Les gens de Labourd, nobles ou autres, pourront tirer de Bayonne, par mer et par terre, sur la tête et le cou, par bâteaux ou par bêtes, à toute heure et en tout temps, les vivres qui leur seront nécessaires, sans payer cize ni maltôte, en acquittant les péages royaux accoutumés. Ceux qui transporteront ces vivres sur la tête ou le cou devront jurer aux gardes de la ville, à la porte par laquelle ils sortiront, sur les évangiles et la croix qu'ils sont destinés à être mangés et consommés en ladite terre de Labourd et non à être portés ailleurs par eux ni par autres, avec ou sans fraude, hors de ladite terre, etc.

Les contrats et obligations que Mgr. Arnaud de Durfort et les gens de Bayonne avaient fait souscrire aux Labourdins pendant qu'ils étaient en prison ou autrement, par force, sont déclarés nuls et non valables, aussi bien que les status faits par les Bayonnais au préjudice de la terre de Labourd, depuis le temps que Mgr Arnaud de Durfort vint en ladite terre.

Les gentilshommes et autres de la terre de Labourd qui furent bannis de Bayonne depuis la même époque seront débannis, et les écritures qui attestent le bannissement effacées du livre de la ville.

Enfin, les fils de Pées de Puyanne demeurent exclus de la présente paix; pour rien de ce que pourront leur faire les gens du Labourd, les Bayonnais ne devront porter secours auxdits fils de Puyanne, et la présente paix n'en sera pas rompue (1).

Mécontents des condamnations prononcées contre eux, les Bayonnais en appelèrent au roi d'Angleterre et les choses traînèrent en longueur, car ce fut une douzaine d'années plus tard, en 1357, que le prince de Galles mit fin aux débats par une nouvelle sentence qui sera rapportée plus loin.

Le bailli Auger de Sault, noyé à Proudines, avait laissé deux fils légitimes : Arnaud-Guillaume, qui succéda avant 1349 à Pierre-Arnaud II, seigneur de Sault, clerc du roi, son oncle, et mourut sans postérité; Espain, dit Boton, seigneur de Sault après son frère; et un bâtard : Guillaume-Arnaud de Sault, surnommé Gombaud. Comme on va le voir, ces deux derniers devinrent baillis de Labourd l'un après l'autre.

XXII. — Arnaud-Garcie de Gout, dit Basculus, seigneur de Puyguilhem, fils naturel d'Arnaud-Garcie, de Gout, vicomte de Lomagne (2), fut chargé, en qualité de sénéchal des Lannes (3), de l'administration du bailliage de Labourd du mois de septembre 1343 au commencement de 1348. Le 15 avril 1344, Edouard III manda au sénéchal des Lannes, bailli de Labourd, de maintenir Pierre-Arnaud seigneur de Sault-Neuf, clerc du roi, dans la possession des droits de péage et de gardage qu'il tenait de ses ancêtres : de toute ancienneté, les voyageurs qui allaient, avec bestiaux et marchandises, de Bayonne en Navarre par la route partant du portail de Mocoron vers Garro, et *vice-versâ*, payaient une redevance au seigneur de Sault-Neuf pour

---

(1).— *Livre des Etablisements.*-Les deux sentences de 1344, (pp. 379-385) et 1357 (pp. 385-393), partiellement maculées et illisibles dans le reg. *AA.* 1. des Archives de Bayonne sont publiées d'après un texte, reconstitué par M. Balasque et sur lequel nous présenterons en Appendice quelques observations suggérées par un examen attentif du manuscrit.

(2).— Courcelles, *Hist. généalogique des Pairs de France,* in-4° t. VI généalogie de *Goth* ou de *Gout,* -p. 18.

(3).—Bellecombe, *Aide-mémoire pour servir à l'hist. de l'Agenais,* in-8°-.p. 36.

sauf-conduit et gardage (1). Le même gentilhomme fut autorisé, le 4 mai suivant, à reconstruire une forteresse à Sault (Hasparren) (2), et ce nouveau château fut connu dès lors sous le seul nom de Sault, tandis que le plus ancien manoir, appartenant à la branche aînée, continua d'être désigné par celui de Sault-le-Vieux.

Le monarque anglais ordonna aussi à Rodolphe de Strafford, son sénéchal de Gascogne, le 7 avril 1345, de défendre et faire défendre de toute injure et violence Géralde, veuve de Pées de Puyanne, jadis maire de Bayonne, et ses fils et de les remettre en possession de leurs biens meubles et immeubles, s'ils se trouvaient placés sous la main du roi (3). Mais les Labourdins firent sans doute quelque opposition à l'exécution de ce mandement, car c'est seulement le 22 septempre 1363, plus de six ans après la sentence prononcée par le prince de Galles, que l'on vit apparaître dans les actes bayonnais Miqueu de Puyanne, l'un des fils de Pées (4), qui devint maire de la cité en 1371 (5).

XXIII. — Thomas Hampton succéda au seigneur de Puyguilhem comme sénéchal des Lannes, avant le 1er avril 1348 (6), et eut aussi la gérance du bailliage de Labourd. On remarque encore, sous l'administration de celui-ci, l'incohérence qui caractérisa la plupart des actes d'Edouard III relatifs aux Labourdins et aux Bayonnais. Le 28 septembre 1348, le roi, à la demande du pape Clément VI, restitua la vicomté de Labourd à Arnaud, fils de feu Arnaud de Durfort, chevalier (7).

---

(1). — *Fonds Moreau*, vol. 652, f° 9.

(2). — Ibid., f° 17.

(3). — Balasque et Dulaurens, *Et. sur Bayonne* t. III, p. 291-293.

(4). — *Livre des Etablissements*, p. 312.

(5). — Ibid., p. 310.

(6). — Bellecombe, *loc. cit.*, p. 36.

(7). — *Fonds Moreau*, vol. 652. — *Arch. hist. de la Gironde*, t. XVI, p. 288. n. 1. Dans les affaires du Labourd, M. Balasque a attribué au fils le rôle qui fut joué par le père.

I. — Noble et puissant baron Arnaud de Durfort, chevalier, seigneur de

En considération de la fidélité et des constants services que lui ont rendus les habitants de la terre de Labourd, Édouard II mande aux sénéchaux, connétables et autres officiers de Guyenne, le 25 mars 1352, de faire respecter le privilège qu'il a accordé auxdits habitants de ne jamais détacher leur terre du domaine de la Couronne, malgré les donations faites à Arnaud de Durfort et à ses héritiers, qu'il révoque de nouveau (1), et le 7 septembre suivant, il concède à Arnaud de Durfort, fils de l'ancien vicomte de Labourd, le péage de Saint-Macaire, dans le Bordelais, jusqu'à ce que les terre, baillive et juridiction de Labourd puissent lui être restituées (2). Enfin, le 15 décembre 1380, il confirme au même Arnaud fils d'Arnaud de Durfort, défunt, la donation de la terre de Durfort, près de Penne, et de divers autres lieux, en Agenais, avec haute et basse justice, à charge d'hommage (3).

La sentence du sire d'Albret étant restée à l'état de lettre morte, par suite de l'appel des Bayonnais, et les Labourdins, fatigués d'une aussi longue attente, menaçant de se faire justice eux-mêmes, Edouard III se décida, enfin, le 7 février 1356, à écrire au prince de Galles, qui se trouvait alors en Guyenne, pour le charger de cette affaire. Il l'invitait à effacer de la sentence tout ce qui manifestement allait au-

---

Frespech, donne quittance de ses gages à Henri de Hans, sénéchal d'Agenais pour le roi de France, le 1er janvier 1303, n. st. A, (Clairambault) *Titres scellés*, reg. 42, p. 3145). Il fut père de :

II. — Arnaud II de Durfort, damoiseau, seigneur de Frespech, qui épousa en 1320, Brunissende, fille de Bertrand de Durfort, chevalier, seigneur de Malauze et de Clermont-Soubiran, et de Sybille de La Barthe, et donna, du 22 mars 1320 au 7 janvier 1323, cinq quittances, d'une somme totale de 5.000 livres formant la dot de sa femme (Arch. des Basses-Pyrénées, *E.* 277). — La Chesnaye-Desbois, *Dict. de la noblesse*, 3e éd., t. VII, col. 135). Nommé, comme chevalier, dans un mandement d'Edouard III du 15 avril 1344, déjà cité, avec son fils Arnaud, qui suit, il devint donataire de la vicomté de Labourd et l'allié des Bayonnais.

III. — Arnaud III de Durfort, damoiseau, seigneur de Frespech, succéda à son père peu de temps avant le 28 septembre 1348, et eut pour héritier Bertrand, seigneur de Montferrand.

(1). — *Arch. hist. de la Gironde*, t. XVI, 289.

(2). — Carte, *Rolles gascons*, t. I, p. 138.

(3). — Bibl. nat., mss, *Collection Doat*, vol. CXCL, p. 192. — *Arch. hist. de la Gironde*, t. IV, p. 112.

delà des règles ordinaires et lui recommandait de veiller surtout à ce que les habitants du Labourd ne tentassent pas d'exécuter à main armée le jugement rendu par Bernard-Ezi d'Albret (1).

Le prince réunit les délégués de Bayonne et du pays de Labourd au palais de l'archevêché, à Bordeaux, et, en présence de plusieurs personnages parmi lesquels se trouvaient Jean, seigneur de Cheverstone, sénéchal du duché d'Aquitaine, et Bernard-Ezi IV d'Albret, il y formula, le 11 avril 1357, une sentence définitive qui reconnaisait la culpabilité des Bayonnais, en maintenant la plupart des ordonnances prononcées par le sire d'Albret, mais en abaissant, cependant, les peines pécuniaires.

Les obligations que Durfort et les Bayonnais avaient extorquées aux Labourdins sont annulées, de même que les bannissements prononcés contre eux.

Les franchises des habitants du Labourd pour les vivres qu'ils pourront tirer de Bayonne sont maintenues.

Les prébendes à fonder pour les seigneurs de Sault, de Saint-Pée, d'Urtubie et de Lahet, *qui morlui fuerunl Baione*, sont réduites à six et les dommges à payer par les Bayonnais à 500 écus d'or au lieu de 1.500.

Enfin la clause relative aux fils de Pées de Puyanne paraît avoir été passée sous silence (2).

XXIV. — Gaillard Durand obtint du roi d'Angleterre, le 27 mai 1358, la restitution de la baillive et terre de Labourd qui avait été donnée à perpétuité, le 26 janvier 1330, à Raymond Durand, chevalier, son père (3); mais si cette restitution eut lieu, elle dura moins d'un an.

XXV. — Thomas Hampton, ancien sénéchal des Lannes, fut nommé bailli du Labourd, le 13 mai 1359 (4).

(à suivre). Jean de JAURGAIN.

(1). — Arch. de Bayonne, *AA*. 13, p. 86.

(2). — Voy. plus haut. page 125.

(3). — Carte, *Rolles*, t. I. p. 142.

(4). — Ibid, p. 146.

Le Labourd à la fin du XVIIIe Siècle

D'APRÈS LES ARCHIVES DU CONTROLE GÉNÉRAL

(Suite)

La Convocation des Députés aux Etats Généraux de 1789 dans le Bailliage d'Ustaritz

---

Depuis de longues années, le mauvais état des finances, l'évolution des esprits, la soif d'un monde nouveau, faisaient naître, dans notre pays, les signes précurseurs du terrible orage de 1789.

Il ne m'appartient pas d'aborder, dans le cadre restreint de cette étude, les grands mouvements qui agitèrent le peuple français et le poussèrent à accomplir ce grand bouleversement qui domine encore de nos jours, non seulement notre histoire, mais celle du monde entier.

Je veux simplement montrer quels furent, à la veille de la réunion des Etats Généraux, les espoirs, les réclamations de la province du Labourd, ses démarches pour obtenir une représentation séparée de celle de ses voisins, de Bayonne en particulier, et l'esprit de farouche indépendance qui lui fit augurer, d'une députation particulière à son bailliage, une plus grande autonomie.

Etre une province bien à part, avec ses privilèges, ses Etats, son syndic, ses députés, dans une France qui allait être régénérée, voilà quelle fut l'ambition des Labourdins à ce moment de leur histoire.

Les démarches, les réclamations, rien ne coûta à leur désir d'obtenir satisfaction. Nous verrons, par la suite, qu'ils purent chanter victoire, mais leur triomphe fut sans lendemain. Ils eurent des députés exclusivement élus par eux; mais à quoi leur servirent-ils? à rien!..

Ils avaient fondé de grands espoirs sur la réunion des députés aux Etats Généraux, pour consacrer leurs droits et leurs privilèges ! Les Basques les virent fondre dans l'organisation nouvelle des départements qui, en les assimilant aux populations voisines, devaient, leur semblait-il, leur faire perdre, avec les sentiments de la vertu, le goût de travailler leur terre.

Le Labourd devint une partie des Basses-Pyrénées. Rendons grâces au ciel et à la nature des choses ! Cette fusion que les Basques appréhendaient, cette inimitié pour la ville de Bayonne que nous leur verrons exprimer et dont l'influence leur faisait craindre la perte de ces coutumes touchantes, de cette naïveté vertueuse dont ils étaient attachés, n'a produit aucun des résultats redoutés.

Il fallait l'esprit d'indépendance ombrageuse des Labourdins pour manifester pareille appréhension.

Instruits par les ans qui ont passé, nous voyons aujourd'hui que les Basques ont gardé le goût des mœurs ancestrales, l'héritage de simplicité et de droiture que leur léguèrent leurs aïeux et jusqu'à l'usage presque exclusif de leur langue millénaire dont le parler a résisté à toutes les influences.

Devons-nous en conclure qu'il faut se féliciter de la disparition, vieille de cent trente ans, de nos vieilles provinces, dans le cadre souvent arbitraire des départements. Je n'en crois rien. Je n'ai pas la place ici d'un long développement à ce sujet, mais la tendance nettement formulée vers un retour au régionalisme, semble indiquer que le morcellement fictif de la France, quoique ayant rendu de grands services, aurait tout lieu de céder la place à une nouvelle division de notre pays heureusement inspirée des groupements de nos vieilles provinces.

***

Après les terribles et héroïques années que les Français viennent de vivre, après cette période d'abnégation et de magnifique énergie qui nous a laissé, je le crains, en attendant les sursauts que l'on peut attendre d'un peuple aussi mobile que le nôtre, comme une réserve de résignation, d'affaissement de l'esprit public, ou, pour dire le mot d'un de nos contemporains, comme une très forte atteinte de la maladie de l'indifférence, il nous est peut-être difficile de concevoir la joie qui envahit nos aïeux à la nouvelle de la publication du règlement royal de 1789 portant convocation des Etats Généraux ! Un tressaillement parcourut la France tout entière et l'on attendit de la collaboration du Roi et des élus de la nation les merveilles qui allaient donner à la France une vie nouvelle.

Il suffit de lire quelques contemporains pour se convaincre de cet état d'esprit. Menu de Chomorceau, qui devait être député au bailliage de Sens, écrivait, en février 1789, au Garde des sceaux : « On ne peut lire les lettres de convocation sans être ému jusqu'aux larmes », et le curé de St-Gaudent (Poitou) écrivait à Necker qu'il avait lu en chaire le règlement « et que le plus grand nombre des auditeurs fut extasié d'admiration et de reconnaissance » (1).

La Lettre du Roi pour la convocation des Etats Généraux, datée du 24 janvier 1789, avait de quoi attendrir le cœur des Français. C'était le premier appel vraiment direct du roi au peuple, depuis 1614 :

Elle débutait ainsi :

« Notre amé et féal. Nous avons besoin du concours de nos fidèles sujets pour nous aider à surmonter toutes les difficultés où nous nous trouvons, relativement à l'état de nos finances et pour établir, suivant nos vœux, un ordre constant et invariable dans toutes les parties du royaume qui intéressent le bonheur de nos sujets et la prospérité de notre royaume. . . »

A ce langage, à cet appel confiant à une collaboration,

(1) Brette. Documents relatifs à la convocation des Etats Généraux de 1789.

le peuple français répondit par le plus vif enthousiasme. Mais autant la lettre devait semer de généreux espoirs, autant le règlement qui l'accompagnait allait susciter des réclamations très nombreuses et très vives.

Déjà, avait transpercé le « Résultat du Conseil d'Etat du Roi du 27 décembre 1788 », qui portait entr'autres :

.. « Les députés seront au moins au nombre de 1.000. Ce nombre sera formé autant qu'il sera possible en raison composée de la population et des contributions de chaque bailliage.... »

D'un autre côté, le règlement du 24 janvier 1789 comportait : (Je n'en citerai que les deux premiers points intéressant ce qui nous concerne) :

« *Article* 1er. — Les lettres de convocation seront envoyées aux gouverneurs des différentes provinces du royaume, pour les faire parvenir dans l'étendue de leurs gouvernements *aux baillis et sénéchaux d'épée*, à qui elles seront adressées ou à leur lieutenant.

Article II. — Dans la vue de faciliter et de simplifier les opérations, il sera distingué deux classes de bailliages et de sénéchaussées.

Dans la première classe seront compris tous les bailliages et les sénéchaussées auxquels Sa Majesté a jugé que ses Lettres de convocation devaient être adressées conformément à ce qui s'est pratiqué en 1614.

Dans la deuxième classe seront compris ceux des bailliages et sénéchaussées qui, n'ayant pas député directement en 1614, ont été jugés par S. M. devoir encore ne députer que secondairement et conjointement avec les bailliages ou sénéchaussées de première classe, et dans l'une et l'autre classe on entendra par bailliage et sénéchaussée tous les sièges auxquels la connaissance des cas royaux est attribuée. ».......

De plus le règlement portait que « le Roi, en réglant l'ordre des convocations et la forme des Assemblées, *a voulu suivre les anciens usages autant qu'il était possible*. Sa Majesté guidée par ce principe, a conservé à tous les bailliages qui avaient député directement aux Etats Généraux de de 1614 un privilège consacré par le temps. »

Or, comme le dit Brette, « il est de toute évidence que l'on ne pouvait concilier le respect des formes antiques immuables avec des éléments aussi variables que la population et les impositions. »

De là et de quelques erreurs commises par le pouvoir royal qui ne connaissait que très imparfaitement le nombre et la composition des bailliages, devaient naître les réclamations.

Tel bailliage qui, en 1614, avait député secondairement aux Etats Généraux avait vu, depuis, le nombre de ses impositions augmenter considérablement et sa population également s'accroître.

Comment l'administration centrale s'en serait-elle rendu un compte exact? Le montant des impôts ne parvenait au Contrôle Général des Finances qu'après être passé par les mains expertes de nombre de receveurs et de fermiers généraux! Pour ce qui est de la population de la France et de chaque bailliage en particulier, il n'y avait personne qui fût capable d'en faire le dénombrement. Dans son volume « de l'Administration des finances » paru en 1784, Necker disait lui-même qu'il était impossible de compter exactement la population d'un si vaste pays. »

On trouve aux Archives Nationales, pour l'année 1789, des Etats donnant le nombre des paroisses qui ressortirent aux bailliages, le nombre des députés qui avaient été envoyés aux Assemblées et le nombre de feux de chaque paroisse.

Ces tableaux, je me hâte de l'ajouter, ne doivent être consultés qu'avec circonspection. Ils furent dressés par les soins des Lieutenants Généraux et souvent de façon très approximative en raison de la répugnance qu'avait chaque paroisse à fournir le nombre exact de ses feux, ne voyant dans ces estimations qu'un calcul à une nouvelle assiette d'impôts.

Donc dans l'ignorance où se trouvait l'Administration centrale elle se crût plus sage en s'en tenant presque exclusivement aux indications fournies par l'appel des Etats et c'est ainsi que dans l'état annexé au règlement royal de 1789 figurèrent comme devant députer dans la sénéchaussée des Lannes avec Dax comme siège principal les ressorts secondaires de Saint-Sever et de Bayonne. A ce dernier se trouvait rattaché, toujours comme en 1614, le Labourd.

Ici nous allons entrer dans le compte rendu des démarches qu'entama le pays de Labourd pour pouvoir députer indépendamment et s'affranchir de la tutelle du sénéchal de Bayonne.

***

Il est de toute certitude qu'un travail aussi considérable que le soin de convoquer les Etats Généraux n'était pas sans exciter les commentaires alimentés par quelques indiscrétions sur la façon dont ils seraient réunis et le mode des élections. Nous en verrions une preuve dans la démarche du Syndic du Labourd; le Sr Haramboure, que nous avons laissé, au cours de notre précédente étude, en lutte constante dans le Bilçar, ce qui ne l'empêcha pas d'excéder de longtemps la durée de son mandat et de le prolonger jusqu'à la Révolution.

Le 22 novembre 1788, deux mois avant le règlement royal portant notification au pays de la manière de réunir les Assemblées bailliagères, nous voyons le syndic du Labourd prendre les devants, en prévision de ce qui allait se passer et écrire de Bardos au Directeur Général des Finances :

Monseigneur,

Quoiqu'il ne paraisse pas que le pays de Labourt eût concouru à l'Assemblée des Etats Généraux en 1614, le régime sous lequel il a été constitué depuis cette époque lui fait un titre à être admis dans l'Ass‹mblée prochaine. La Province m'a chargé, Monseigneur, de vous adresser la réclamation. Elle ose se promettre de votre attention que vous voudrez bien exposer son vœu à l'Assemblée des notables et j'attendrai que vous nous fassiez l'honneur de me transmettre vos dispositions sur cet objet pour les communiquer à mes commettants. »

La lettre demeure sans réponse, mais la cause du Labourd avait à Paris un ardent, habile et influent défenseur en la personne d'un de ses futurs députés, j'ai nommé Garat, (1). Ce dernier, qui devait à ses travaux, à ses relations dans le monde des philosophes et de la cour, une influence pas négligeable, la mit au service de ses compatriotes avec un très grand zèle qui devait du reste recevoir sa récompense.

Le 1er janvier 1789, toujours avant qu'une décision ait été prise, il ouvrait le feu, en adressant à Necker la lettre suivante que je cite entièrement ainsi que les pièces qui suivront, étant de ceux qui estiment que, dans une étude contributive du genre de celle-ci, rien ne saurait remplacer comme exactitude et documentation, la reproduction intégrale des documents d'archives.

Le 1er janvier 1789.

Monsieur,

Je suis chargé par les officiers du bailliage de Labourt et par le Bilçar Assemblée de toutes les paroisses du même canton de vous prévenir sur des demandes et sur des vœux qu'ils doivent avoir l'honneur de vous adresser eux-mêmes.

(1) Garat, Dominique Joseph, né à Bayonne, le 8 septembre 1749, député en 1789, membre du Conseil des anciens, ministre, sénateur, comte de l'Empire, mort à Ustaritz le 9 décembre 1833, fut élevé par un de ses oncles, curé aux environs de Bayonne et termina ses études au Collège de Guyenne à Bordeaux. Reçu avocat, il vint à Paris, se lia avec les philosophes, publia de 1778 à 1784 plusieurs ouvrages dont plusieurs furent couronnés par l'Académie et fut nommé Professeur d'histoire à l'Athénée. Le 22 avril 1789, il fut élu député par le Bailliage de Labourd. (Dictionnaire des Parlementaires).

Le Bailliage du Labourt n'a point eu de députés aux anciens Etats Généraux et il craint qu'on ne lui accorde point de représentant dans les Etats qui vont être convoqués ou qu'on ne confonde sa représentation avec celle de Bayonne.

J'ai cru pouvoir, Monsieur, les rassurer sur ces alarmes, parce que j'étais bien sûr que les injustices, les erreurs, les oublis, l'ignorance et l'indifférence des anciens Etats généraux ne seraient pas ce que vous prendriez pour modèles.

Par des renseignements dont les uns sont certains et les autres très probables, on sait que le Labourt a soixante lieues quarrées d'étendue (1), trente-six grandes paroisses et cinq à six hameaux, quarante-cinq mille âmes de population, et qu'il paie par abonnement, quoique très pauvre, plus de soixante mille livres de contribution; il y a un bailliage et son bilçar ou assemblée des députés de toutes les paroisses, peut être considéré comme de petits Etats.

J'ai pensé, Monsieur, que plusieurs de ces titres, ou du moins tous ensemble, vous paraîtraient suffisants pour établir le droit d'une représentation dans les Etats Généraux.

Les intérêts de la ville de Bayonne et ceux du pays de Labourd, dans une multitude de choses, sont opposés, ou, du moins, le paraissent aux Labourdins et aux Bayonnais et de beaucoup de sentiments de jalousie et de rivalité sont nées beaucoup d'inimitiés.

La langue qu'on parle à Bayonne et celle qu'on parle dans le Labourt sont absolument différentes, et cette différence est telle qu'elle ne permet aucune communication entre les esprits, aucune discussion, aucune conciliation.

Les propriétaires du Labourt sont presque tous des

---

(1) à rapprocher de l'opinion de M. Harambillague, syndic du Labourd à M. Choart qui le 6 mars 1730 disait que le Labourd s'étendait approximativement sur cinq lieues de longueurs et trois et demie de largeur. Le Labourd à la fin du XVIIIe siècle d'après les archives du Contrôle général, *Société des Sciences, Lettres et Arts de Bayonne* 1917, p. 61).

laboureurs qui travaillent eux-mêmes leurs champs. S'ils étaient obligés d'aller faire leurs élections à Bayonne, leurs champs seraient abandonnés et ils en souffriraient beaucoup de dommages.

Les habitants de Bayonne qui seraient chez eux et qui seraient plus habiles dans l'art de diriger ou de forcer leur choix se rendraient maîtres de toutes les élections. Il n'y aurait d'élus que des Bayonnais et les Basques se croiraient toujours sans représentants parce qu'ils ne seraient pas représentés par des Basques.

C'est un peuple tout particulier; par sa langue il tient à l'antiquité la plus reculée et, caché, entre des gorges de montagnes, il n'a jamais changé de mœurs. La coutume qui le régit n'a rien de commun avec les autres coutumes du royaume.

Je crois donc aussi, Monsieur, que vous reconnaîtrez combien il est juste et nécessaire de séparer la représentation des deux pays que leurs intérêts, leurs sentiments, leurs langues, leurs mœurs et leurs coutumes séparent de tant de manières.

C'est dans les Etats Généraux que les réunions doivent se faire, parce que là elles seront préparées par le génie de l'Europe, par celui de la France et par le vôtre.

Avec d'autres ministres, Monsieur, je me croirais peut-être obligé de faire quelques raisonnements. Avec vous, je crois que tout est dit quand les faits sont énoncés.

Je viens, Monsieur, comme Basque de vos présenter les demandes d'une petite province; permettez-moi comme Français de vous remercier pour toute la France. Je viens de lire ce discours qui a été prononcé dans le Conseil d'un roi. Oh ! que cela est raisonnable ! Oh ! que cela est touchant ! Les orateurs de l'antiquité, pour parler à l'âme, parlaient aux passions et vous, Monsieur, vous émeuvez, vous attendrissez profondément en éclairant la raison.

Je suis, etc. . . .

Cependant le pays de Labourd, bien informé, apprenait

officieusement, que les états de convocation devant prochainement paraître, et que ses craintes n'étaient que trop fondées.

Aussitôt fut rédigé un mémoire et c'est Garat qui fut chargé de le faire parvenir à Necker avec une lettre ainsi conçue :

18 janvier 1789.

Monsieur,

Je reçois sur le champ un mémoire que le pays de Labourt a l'honneur de vous adresser sur sa représentation aux Etats Généraux et qu'il me charge de vous faire parvenir.

J'ai vu, ce matin, M. de Lessart, et ce magistrat m'a paru frappé des considérations sur lesquelles le pays de Labourt fonde sa demande; mais il m'a opposé une objection qu'il regarde comme décisive. C'est que le principe adopté sera qu'il n'y a que les bailliages qui ont leur ressort au Parlement qui feront leurs élections séparément et que le bailliage de Labourt a son ressort immédiat non pas au Parlement de Bordeaux, mais au Sénéchal de Bayonne.

Le pays de Labourt peut répondre à cela, Monsieur, qu'il ne faut pas confondre son bailliage avec les petits bailliages subordonnés à des sénéchaussées, 1° parce que son bailli est un bailli d'épée, 2° parce qu'il connaît de tous les cas royaux et qu'il a une justice civile et criminelle, 3° parce qu'il a une multitude de causes qui vont directement de son bailliage au Parlement de Bordeaux et qu'il n'y en a aucune dont le sénéchal de Bayonne juge souverainement.

Je ne pense pas, Monsieur, que cette seule considération d'un principe qui s'applique si imparfaitement au bailliage du Labourt puisse l'emporter sur la multitude des considérations puissantes qui motivent sa demande à une représentation séparée de celle de la ville de Bayonne.

Mais c'est à vous, Monsieur, à balancer tous ces motifs,

et c'est dans votre sagesse que les Basques, ainsi que tous les Français mettent toute leur confiance.

Je suis, etc....

Et voici la teneur du mémoire :

Monseigneur,

Les paroisses du Labourt, assemblées en Bilçar, vous prient de leur accorder un moment de cette attention toujours fixée sur les intérêts d'un vaste empire.

L'attente des Etats Généraux, qui fait la joie de toute la France, jusqu'à présent ne donne que des inquiétudes au pays de Labourt. On veut lui faire craindre ou qu'il n'ait pas de représentant dans l'Assemblée de la nation ou qu'il n'ait qu'une représentation confondue dans celle de la ville de Bayonne. L'une et l'autre lui seraient également funestes et le Labourt peut établir facilement qu'il doit avoir des représentants aux Etats Généraux et qu'il doit en avoir qui ne soient qu'à lui.

Il est vrai que, quoique réuni à la couronne à l'époque des derniers Etats Généraux, le Labourt n'y a point envoyé de députés, mais pourquoi en aurait-il voulu avoir à cette époque? Au milieu de ses montagnes, il était étranger à ces factions et aux querelles de religion qui assemblaient souvent les Etats; et en 1614, il ne payait encore au Roi que deux cents livres sous le nom de subvention.

Une telle contribution ne devait donner ni beaucoup d'intérêt ni beaucoup de droits à une représentation.

Depuis 1614, il est douteux que le Labourt ait vu augmenter ses richesses, mais il est certain qu'il a vu beaucoup monter ses impositions. Il paie aujourd'hui par abonnement plus de soixante-dix mille livres. C'est peu de chose sans doute dans les six cents millions qui forment la masse totale des contributions du royaume; mais cette somme, quelque petite qu'elle puisse paraître, est supérieure encore aux moyens du pays de Labourt. Il ne peut la payer qu'en tarissant les sources de tous les accroissements de l'agriculture et du commerce et qu'on plie sous un grand ou sous un petit fardeau, lorsqu'on en est écrasé, on a également des droits à tous les soulagements

Mais les droits du Labourt pour avoir une représentation ne sont pas fondés seulement sûr ses malheurs; il a d'autres titres encore.

Le Labourd a un bailliage siégeant à Ustaritz, et si tous les autres dans tout le royaume jouissent des droits de faire des élections, on ne voit pas comment le bailliage du Labourd en serait seul excepté.

L'étendue du pays de Labourt est estimée à soixante lieues quarrées, sa population a environ quarante-cinq mille âmes. Il est divisé en trente-cinq grandes paroisses et cinq hameaux.

Si le droit de représentation est établi sur l'étendue du terrain, il doit être sans doute accordé à un pays de soixante lieues quarrées. S'il est établi sur la population, il doit être accordé à quarante-cinq mille âmes; s'il est établi sur le nombre de municipalités, il doit être accordé à trente-cinq ou quarante paroisses qui ont toutes leurs maires, leurs échevins et leurs assemblées de communes.

A ces considérations tirées de l'état des choses, il s'en joint d'autres qu'un avenir très prochain présente.

Les soixante lieues quarrées du pays de Labourt sont, dans la plus grande partie incultes et désertes, et cependant il s'en faut bien qu'elles soient infertiles par la nature du terrain. Elles peuvent se couvrir très aisément de productions et d'hommes, si on y éveille l'industrie, si on y place l'aisance à côté du travail. C'est ce qu'on peut attendre de l'influence des Etats Généraux et de celle d'un ministre aussi digne de diriger les conseils de la nation que ceux du monarque. Mais ces accroissements de culture et de population n'auraient lieu avec quelque certitude pour le pays de Labourt qu'autant qu'il aura des représentants qui porteront ses vœux et qui discuteront ses intérêts aux Etats Généraux.

Le Labourt est une des frontières du royaume et l'on sait combien il importe aux empires d'avoir de la force et de la puissance à leurs limites qui doivent être aussi leurs barrières.

Ce qui a entretenu dans cet état de dépopulation et de pauvreté un pays (tous ceux qui le connaissent en conviennent) habité par un peuple actif, ingénieux et courageux, ce sont les vices de la coutume par laquelle il est régi, mais on n'abolira point sans doute, sans la discussion et le consentement d'une province, une coutume qui la gouverne de temps immémorial et, pour qu'elle y consente dans les Etats Généraux, il faut qu'elle y ait des représentants.

La forme des élections donne des embarras au gouvernement pour toutes les autres provinces du royaume. Dans le pays de Labourt elle sera facile. Elle est déjà toute préparée. Le Bilçar est une assemblée de toutes les paroisses convoquées par un syndic, avec le concours des officiers du bailliage. Rien ne sera plus aisé que d'y convoquer et d'y faire voter tous les propriétaires pour l'élection des députes. Une particularité assez remarquable et peut-être assez intéressante distingue l'Assemblée des Bilçar, espèce de petits Etats. Ni le clergé ni la noblesse n'y sont pas admis, et cela prouve que l'origine en remonte à des temps où il n'y avait pas de noblesse et où tous les prêtres n'étaient que les ministres de la religion. Les cens et tous les droits féodaux y sont presque entièrement ignorés. Les intérêts du clergé et de la noblesse, plus séparés de ceux du Tiers-Etat ont moins à les combattre, par cela même qu'ils sont plus séparés. Ils sont moins opposés et leur accord sera plus facile.

Si, au moment où toutes les autres provinces vont améliorer leur sort dans les Etats Généraux, le Labourt en était exclus, la régénération de la France achèverait sa ruine. Les habitants, forcés à chercher des asiles dans des provinces plus heureuses, y perdraient les mœurs et le caractère qui leur sont propres et ce serait peut-être une perte pour la nation entière. Les habitants du Labourt, dont la langue et le caractère sont des monuments parfaitement conservés de la plus haute antiquité; ils ont encore cette simplicité des mœurs qui éloigne tous les vices et qui est près de toutes les vertus. Cette peuplade antique ne dépare pas peut-être un empire moderne et peut-être il n'est pas sans utilité, pour les idées générales de conserver, au milieu de tous les progrès, une race d'hommes qui, par sa langue, ses usages et par ses jeux même, retrace la vie des premiers âges du monde.

Nous n'avons pas craint, Monseigneur, de vous présenter cette considération; mais nous avons senti qu'elle ne pouvait être de quelque poids qu'auprès d'un ministre qui, en gouvernant un département, éclaire par ses écrits toutes les parties de la morale et de la législation des Etats.

La condition du pays de Labourt ne serait pas meilleure si, en lui accordant une représentation, on la confondait avec celle de la ville de Bayonne.

Jamais le pays de Labourt n'a reconnu Bayonne pour sa capitale. Leurs langues, leurs mœurs, les coutumes qui régissent leurs biens, leurs manières de concourir aux impositions, très souvent leurs intérêts de commerce, tout est différent. Ces différences ont fait naître, entre les Bayonnais et les Basques, des sentiments de jalousie qui deviennent facilement de l'inimitié.

Il est à désirer que les électeurs pour éclairer leur choix se communiquent leurs vœux et leurs motifs, mais les électeurs basques, la plupart des laboureurs qui ne savent pas le français, ne pourraient pas se concerter avec les Bayonnais qui, presque jamais, ne savent le basque.

Si les deux représentations étaient confondues, la convocation et les élections se feraient probablement dans Bayonne et les propriétaires basques, qui cultivent eux-mêmes les champs et qui, dans leur pays ne dépensent presque rien, seraient obligés d'aller perdre dans cette ville leur argent, qui est très rare, et leur temps qui est infiniment précieux.

Il est important pour eux qu'ils fassent leurs élections auprès du champ qu'ils cultivent et qui les nourrit.

Par un sentiment d'orgueil naturel aux villes qui se sont toujours arrogé des prééminences sur les campagnes, les Bayonnais voudraient toujours que les députés fussent de Bayonne. Ils seraient chez eux et auraient en cela un avatage dangereux. Avec l'intrigue, ils sèmeraient la corruption parmi les Basques qui perdraient la simplicité de leurs mœurs et qui n'auraient que des représentants qui leur donneraient des alarmes.

Telles sont, Monseigneur, les représentations que le Bilçar du Labourt voulait faire entendre à votre justice et il n'a plus de craintes puisque vous les avez entendues. Le même ministre qui a su, avec tant d'humanité et de prudence préparer l'influence que doit avoir le peuple dans les Etats généraux, saura faire valoir les droits d'une province, pauvre à la vérité, mais qui a des mœurs et qui peut acquérir tous les genres de talent et d'industrie.

HARAMBOURE.

(A suivre).

MAURICE DUSSARP.

Quelques mots sur le Vieux Saint-Esprit [1]

Mesdames, Messieurs,

Que le dossier volumineux étalé devant moi, sur cette table, ne vous cause aucune crainte !.. Mon dossier est gros, mais ma communication sera courte. Aussi bien, nous avons trop rarement, vous et moi, la bonne fortune d'entendre le conteur si érudit et si charmant qu'est Monsieur de Marande pour que je retarde, trop longtemps, le plaisir que nous aurons tous à l'écouter (2).

En compulsant tout à l'heure, pour vous en faire un résumé succinct, mes fiches et mes notes sur le « Vieux Saint-Esprit », j'ai été surpris de voir combien il était plus facile de faire grand que de faire petit, ou plutôt j'ai été singulièrement apeuré en me rendant compte de la difficulté qu'il y a à dire bien, beaucoup de choses en peu de mots.

Aussi, ai-je renoncé à mon projet premier de vous guider à travers les rues du vieux faubourg, longtemps Ville des Landes, et qui, de tous les quartiers de Bayonne, a été certainement le plus bouleversé par les transformations apportées à notre Cité durant les cent dernières années.

Je ne vous mènerai donc pas sur les terrains de « Liposse » vous montrer ceux qui restent des chais de cargaison construits par Lavoye en 1710 et dont les terre-pleins, après s'être appelés « Quai Dartaguiette », « Quai de la Manutention et Quai de Saint-Bernard », portent aujourd'hui le nom de « Quai de Lesseps », sans qu'on puisse se rendre compte

(1) Causerie faite à la Société des Sciences, Lettres et Arts de Bayonne, le 7 Juillet 1919.

(2) Monsieur de Marande donnait ce même jour à la Société des Lettres Sciences et Arts une communication sur « Le Maréchal de Lohéac, sa famille et ses compagnons d'armes à leur entrée à Bayonne en 1451 ».

à qui l'on a voulu faire honneur, si c'est à Ferdinand de Lesseps, le perceur d'Isthmes, ou bien à Etienne Hirigoyen de Lesseps qui, commissaire aux vivres pour les Armées en 1792, remplit de subsistances les magasins du bord de l'Adour et les bâtiments du Couvent Sainte-Ursule, tandis que la population civile souffrait de la plus affreuse des disettes — qu'elle supporta d'ailleurs avec un stoïque civisme (1).

Je ne vous promènerai pas sous les ombrages séculaires des Allées de Sicre, abattues pour faire place à la gare actuelle des Chemins du fer du Midi; je ne vous promènerai pas non plus dans les cloîtres du vieux couvent de Sainte-Ursule, démoli pour le même objet.

Je ne vous demanderai pas de venir avec moi admirer le panorama du faubourg, avec les clochers de ses multiples couvents aujourd'hui disparus, dominés par les hauteurs de la vieille çitadelle et les coteaux riants de Saint-Etienne, vue d'ensemble qui devait être si pittoresque contemplée du milieu du pont de Saint-Esprit. Non, je ne vous conduirai pas sur le *Pont de la Grande Mer*, comme on l'appelait jadis, trait-d'union obligé entre les deux Villes toujours rivales et qui fut tour à tour, pont sur chevalets, pont mixte et pont sur bateaux, avant de devenir le pont de pierre actuel, le pont de Nemours, terminé en 1851 (2).

Certes, il ne devait pas être commode à passer, lorsque la tempête et la pluie faisaient rage, le vieux pont de bateaux secoué par la houle, ayant pour tout parapet une simple rambarde en bois, le long de laquelle courait une corde où s'accrocher par le gros vent. Aussi, les femmes du peuple,

(1) Délibération du Conseil Municipal de Bayonne du 17 Novembre 1877. — « Le Conseil décide que le Quai Saint Bernard portera le nom de « Quai de Lesseps ». Il est certain que c'est pour honorer Ferdinand de Lesseps que cette décision fut prise.

(2) La première pierre de ce pont fut posée en 1845 par Mgr le Duc de Nemours. Le gros œuvre fut terminé en 1849 et il fut complètement livré à la circulation le Dimanche 11 Mai 1851.

FETES
PAN-PERRUQUE
LE DAUPHIN
dans la place

peut-être même celles de condition plus élevée, les jours d'ouragan, pour aller de l'une à l'autre rive, s'encapuchonnaient-elles de leurs jupes et ainsi troussées affrontaient l'ouragan.

Il est probable que c'est après avoir vu traverser ainsi le pont Saint-Esprit, que, concluant du particulier au général, le voyageur hollandais Arsaen de Sommerdyck écrivait dans ses relations de voyage en 1660 : « *Les femmes (à Bayonne), y marchent couvertes de leurs cotillons qu'elles se jettent sur la tête, et découvrent leurs fesses pour se cacher les joues.* »

Je ne vous parlerai pas des intrigues des chanoines; de leurs associations avec les juifs; non, il faudrait des heures pour cela; j'y reviendrai peut-être un jour.

Je vous montrerai seulement la reproduction d'un tableau représentant LES FÊTES ET PAN-PERRUQUE DONNÉES, SUR LA PLACE SAINT-ESPRIT, PAR LA NATION JUIVE ET SES SYNDICS, LE 12 DÉCEMBRE 1781, A L'OCCASION DE LA NAISSANCE DU DAUPHIN.

Sur la place Saint-Esprit où coulent des fontaines de vin, au milieu d'une affluence considérable de curieux, entre une double haie de soldats qui contiennent la foule, les Syndics des Juifs viennent allumer un feu de joie; la musique des Grenadiers Royaux est là qui prête son concours; et, au premier plan, la fameuse Pan-Perruque dansée par les jeunes gens des plus riches familles juives.

Il nous fait voir l'aspect des lieux à cette époque, les costumes du peuple et de la bourgeoisie; les uniformes des soldats et ceux des sergents du guet aux couleurs de la Ville. C'est enfin, à ma connaissance, le seul dessin représentant la Pan-Perruque, dont il est tant parlé dans les chroniques bayonnaises (1).

---

(1) Monsieur P. Yturbide, qui avec Ducéré, orthographie Pamperruque, donne comme étymologie possible de ce nom le mot pampe — poupée en patois — avec le diminutif en *uque* assez usité en pays gascon.

Ducéré a écrit que la Pan-Perruque était dansée par un nombre égal de danseurs et de danseuses conduits par le danseur de tête qui prenait le nom de roi et se reconnaissait à la baguette enrubannée qu'il tenait à la main.

Dans notre tableau, les danseurs sont un nombre de treize, six femmes et sept hommes, le danseur de tête et celui de queue tiennent tous deux la baguette enrubannée. Peut-être parfois y avait-il deux conducteurs, la Pan-Perruque, comme les danses basques, évoluant dans les deux sens, tantôt en avant, tantôt en arrière.

La Pan-Perruque se dansait au son des tambours et des flûtes et aussi au son du tambour basque ou *thunluna* et du *chiluraria*, que les Bayonnais appelaient tambourin ou *thiounloun* et *chiroulirou*. Ceux de notre génération se rappellent avoir vu au bas des Glacis le dernier joueur de *thiounloun*. Voici son portrait, peint par Corrèges, et que notre collègue M. Salane, qui possède des trésors insoupçonnés, a bien voulu me confier pour vous le communiquer.

Vous verrez que la physionomie de la place Saint-Esprit, depuis 1781, n'a guère changé.

Les maisons de droite sont absolument les mêmes; la maison de face est pareille avec ses galeries basses; on a seulement depuis caché ses pans de bois apparents par un vilain enduit de mortier qui lui ôte tout caractère (1).

Pareilles aussi celles où se trouvent aujourd'hui le Café de la Citadelle et la Brasserie de la Meuse (2).

L'Hôpital des Pèlerins, où recevaient asile les Pèlerins se rendant en Espagne, au sanctuaire de Saint-Jacques de Compostelle, en passant par Bayonne, et qui se voit sur l'emplacement de l'Inscription Maritime actuelle, a disparu. Disparues les maisons en face dépendant de la Commanderie

(1) Dans cette maison « Boissoles » exista jusqu'en 1630 la première poste aux lettres qui avait remplacé les messagers ordinaires.

(2) C'est d'une des fenêtres du premier étage de la maison formant l'angle de la place et de la rue Hugues actuelle, où il logeait chez sa belle maîtresse, Mlle X..., que le représentant Pinet haranguait le peuple aux sombres jours de la Terreur.

de Saint-Jean de Jérusalem, disparue elle-même l'Eglise Saint-Jean, où jadis les offices se disaient en présence des Religieux portant la cuirasse sur le surplis, l'épée à la main, et la chape sur la cuirasse (1). — Cela m'a été conté par une vieille parente morte il y a quelque vingt ans à l'âge respectable de 102 ans et qu'on avait affublée sous la Terreur du nom gracieux de Ça-ira. Elle tenait ces détails de sa grand'mère.

La fontaine existe toujours, on l'a simplement déplacée. Elle occupait autrefois l'axe de la rue Sainte-Catherine ; elle est maintenant au centre de la place ancienne du marché.

A l'autre extrémité de la Place, qui ne figure pas dans le tableau, se voyait, en 1781, un abreuvoir de forme circulaire comme la fontaine, avec au milieu, également comme la fontaine, un fût d'où l'eau coulait dans le bassin. Cet abreuvoir était appelé « Lou Timbou ». On le démolit en 1870, lorsque fut achevé le petit jardin baptisé du nom de « Square Electoral ». Il est regrettable qu'on n'ait pas conservé, ainsi que le demandait le *Libéral* du 24 juin 1869, l'inscription lapidaire qui courait tout autour du vieil abreuvoir ; elle aurait rappelé aux générations futures la mémoire du Magistrat municipal qui eut la triple bonne fortune d'édifier

(1) C'est par erreur que Poydenot, dans ses Récits et Légendes, fait remonter à 1830 la démolition des derniers vestiges de l'Eglise Saint-Jean. Le Publiciste Léonard Laborde, qui naquit à Saint Esprit, raconte dans son histoire de Bayonne que vers 1830 la grande nef de cette Eglise fut transformée en écurie et il ajoute avoir vu plus tard, dans son enfance, des danseurs de corde « déployer les ressources de leur art, là où l'Ordre de Saint-Jean de Jérusalem avait déployé un art plus chaste et plus charmant : celui de l'Hospitalité ». L'Eglise Saint-Jean disparut entièrement en 1848. A l'appui de mon affirmation cet article de *l'Eclaireur* du mois de Novembre 1848 : « La vieille Eglise des Chevaliers de Saint-Jean à Saint-Esprit vient de disparaître sous le marteau des démolisseurs, pour faire place bientôt à une élégante construction. En pratiquant les fouilles nécessaires pour abaisser le sol au niveau de la rue, les ouvriers ont mis à découvert une énorme quantité d'ossements, débris de plusieurs générations sans doute, qui faisaient ressembler cette Eglise à un immense ossuaire. Le Clergé de Saint-Esprit a eu l'heureuse idée de réunir dans une même cérémonie ces restes sacrés qu'une fosse commune gardera à jamais... »
Cette cérémonie eut lieu le 2 Novembre 1848.

te monument, d'être chansonné par ses concitoyens et béni par les animaux reconnaissants !

« Grâces te soient rendues, illustre La Chapelle !
« Par tes soins vigilants s'embellit la cité !
« Tes administrés loueront à jamais ton zèle,
« Les ânes et les chevaux boiront à ta santé ! ! !

Je vous ai indiqué que la Fontaine et l'Abreuvoir occupaient les deux extrémités opposées de la place.

La fontaine existait de temps immémorial; elle avait été construite et était entretenue aux frais des Chanoines de la Collégiale.

Une ordonnance du Corps de Ville de Bayonne, datée de 1583, interdisait à toute personne, à quelque condition qu'elle appartînt : « de percer, rompre ou déranger les tuyaux qui conduisaient l'eau à cette fontaine, et cela sous peine de 500 écus d'amende à la première fois, la peine du fouet à la seconde et ensuite la perte de la vie. »

L'Abreuvoir avait été édifié en 1720, aux frais des marchands portugais, c'est-à-dire des Juifs.

Fontaine et abreuvoir étaient alimentés par la source de l'« Oueil de la Houn ».

Les porteurs d'eau de Bayonne venaient chercher l'eau exquise de la fontaine de Saint-Esprit pour la vendre aux riches Bayonnais.

Et l'eau de l'Abreuvoir? direz-vous.

Ecoutez cet article du *Messager* du 22 octobre 1859 :

« Avant la construction du pont de pierre sur l'Adour, du temps où Saint-Esprit était une ville, un factionnaire placé près de la rivière avait pour consigne d'empêcher de puiser de l'eau dans l'abreuvoir qui était réservé aux chevaux et aux bestiaux. Après la construction du nouveau pont, la consigne était restée dans les habitudes. Depuis le jour où Saint-Esprit a perdu son autonomie par sa réunion à Bayonne, les usages avaient changé et chacun venait puiser l'eau dans l'Abreuvoir. Les marchands de vin, en particulier, se servent pour cela des vases qui leur servent à préparer le vin, salissant l'eau qui n'était plus potable pour les chevaux. On venait même de Mousserolles lorsque l'Adour, saturée par l'eau de mer, ne pouvait s'employer pour ces préparations ! La police vient heureusement de faire cesser cet abus. »

L'eau du Timbou avait de plus une propriété singulière. Au dire des commères du quartier, elle était un remède souverain contre la maladie des yeux. Je dédie ce renseignement aux doctes médecins de notre compagnie. Une eau dans laquelle les chevaux et les ânes sont venus tremper leurs naseaux a peut-être en thérapeutique une vertu insoupçonnée.

Mais revenons à nos moutons, c'est-à-dire à notre Tableau.

Ce Tableau a une histoire : ce n'est pas qu'on sache pour qui il a été peint ; je veux dire que l'achat de ce tableau a une histoire.

Exposé aux Arts Décoratifs, il fut signalé à M. Jules Gommès, alors qu'il n'était pas à vendre, par Madame Lazard qui lui en envoya une photographie ; puis à notre Vice-Président M. Grimard, par notre regretté collègue M. Arthur Lebas qui eût souhaité le voir au Musée de Bayonne ; enfin de nouveau à notre collègue M. André Frois qui l'acquit de Lyon, marchand de tableaux à Paris, pour la somme de 5.000 francs. Ce document était des plus intéressants pour lui, ses aïeux MM. Frois et Tavarrez figurant dans cette Pan-Perruque.

La première fois que je l'ai vu, j'ai bien cru que ceux-là avaient raison qui prétendaient que nous revivons successivement plusieurs vies. J'avais conscience de m'être trouvé sur cette même place Saint-Esprit — telle que — au moment d'une grande réjouissance. Mais en creusant bien mes souvenirs, je me suis rappelé une représentation de Faust à l'Opéra, il y a plus de trente ans. La toile de fond, pour l'acte de la Kermesse, était la reproduction quasi exacte de la place Saint-Esprit. L'artiste décorateur ayant à brosser une place publique pour y situer une fête, avait scrupuleusement reproduit, copié, le fond de notre tableau. Il est regrettable, pour l'amour-propre bayonnais, que ces décors aient été refaits par la suite.

Pour terminer, j'ai une invitation à vous transmettre. M. A. Frois serait heureux de vous montrer le tableau original, si cela peut avoir un attrait pour vous.

Il est actuellement à Saint-Esprit, au Marquisat, qui tire ce nom du Marquis de Saint-Simon, et appartint à ce Tavarez qui, en 1750, sauva Bayonne de la plus affreuse des famines (1).

Le Marquisat est digne d'une visite de notre Société. On y voit les vestiges du premier cimetière israélite; les vestiges d'une nécropole Juive qui pourrait bien être la première synagogue Juive à Bayonne, celle de 1689; on y voit des pierres tombales aussi, Il y a au Marquisat des archives intéressantes : sur Saint-Esprit, sur cette disette de 1750 dont je viens de parler, et aussi .. l'original d'une obligation hypothécaire assez curieuse.

M. Frois, il ne m'en voudra pas de révéler ce fait, a des dettes; son domaine est hypothéqué !!..

Quand Tavarez acquit du Consistoire « Le Campot Saint-Simon » (ancien cimetière juif) il dut construire une maison, au Fort, pour y loger gratuitement les Samas et autres servants du Temple. De plus, il s'engagea pour lui et ses descendants, à verser à la Communauté Israélite une annuité

---

(1) « En 1750, Bayonne et le Béarn furent affligés de la même disette de froment et de tout autre grain. M. Daligre, alors intendant de la province d'Auch et Béarn, par zèle pour cette province, chercha les moyens de pourvoir à cette misère générale ; il consulta et voulut chercher des expédients avec des négociants de Bayonne pour pouvoir trouver du grain, mais il se trouva sans ressource. Ce magistrat, persévérant dans son zèle, malgré des incidents élevés par des négociants catholiques, eut recours au sieur Tavarez, juif, qui lui aplanit toutes les difficultés en trouvant moyen de faire venir de l'étranger le froment et autres blés nécessaires pour la subsistance de la province. »

(Extrait d'un mémoire de Me Duhalde, notaire royal, en date du 14 Janvier 1866, déposé aux archives du Consistoire de Bordeaux).

de Cent francs hypothéqués sur le terrain de l'ancien cimetière.

Lors de la construction de la Synagogue actuelle, la maison des Samas fut abandonnée, elle est aujourd'hui en partie démolie; mais sollicités par le Consistoire de racheter leur redevance annuelle, les héritiers Tavarez n'ont pas voulu y consentir, par religieuse tradition.

Voilà comment le Marquisat ou du moins une partie est hypothéquée.

Notre collègue m'a suggéré une idée.

Quelques-uns d'entre vous pourraient venir avec moi chez lui; nous chercherions dans ces archives, nous étudierions ces vestiges, nous regarderions s'il y a réellement au Marquisat d'autres attraits que le Tableau. Et si oui, la Société pourrait se rendre, en corps, un jour là-bas, tenir séance sous les arbres du parc, ou bien s'il pleuvait, dans les salons assez grands pour nous recevoir.

Et vous y verriez encore autre chose, l'emplacement de la batterie de Moracin, qui tant contribua à tenir en échec les Anglais pendant le siège de 1814 et fit de si bonne besogne le 16 Avril, lors de la fameuse sortie de la garnison commémorée par le monument édifié par le Souvenir Français à Saint-Etienne, monument qui redira à jamais que lorsque l'étranger vint effectivement assiéger notre Ville, elle ne fut jamais prise : « Nunquam Polluta »

Louis DOURS.

PROCÈS-VERBAUX DES SÉANCES

Séance du 7 Juillet 1919.

PRÉSIDENCE DU COMMANDANT DE MARIEN, VICE-PRÉSIDENT.

Etaient présents : Madame Antonin Personnaz, MM. Ch. Lagrolet, Eug. Lagrolet, J. Labrouche, L. Dours, Pierre Louis, E. Fort, Comt. Portalis, Dr Lasserre, Marquis de Castelnau, Comt. Le Barillier, Le Beuf, de Marande, Grimard, Larribière, Delmas, Lt.-colonel Duvot, Antonin Personnaz, Georges Serval, Godinet, P. Labrouche, Casedevant, Maxime Clérisse.

Excusé : M. le Docteur Voulgre.

Lecture du procès-verbal de la dernière séance. Adopté.

Lecture du procès-verbal de la séance du 3 juin de la Commission des armoiries de Bayonne. Adopté.

PUBLICATIONS REÇUES. — « Quand il reviendra », de notre confrère M. Pierre d'Arcangues. C'est un charmant volume de nouvelles renfermant de belles qualités d'observation et de descriptions. On y trouve des sensations bien vécues du front et une agréable variété de sujets. La plume magistrale de Job a orné la couverture d'un poilu en observation dans la tranchée.

Bulletin archéologique de Tarn et Garonne, année 1918. Page 172, M. de la Villatte donne des détails sur la décoration de l'ordre du Lys. Cette indication a été portée en note dans le Bulletin de la Société, 1-2 1919, à la suite du travail de M. Salanc.

Boletin de la Comision de Monumentos historicos y Artisticos de Navarra 1919. — N° 38.

CORRESPONDANCE. — Avec M. le Député-Maire de Bayonne au sujet de la rose occidentale de la Cathédrale.

M. le Maire fait connaître, le 10 Juin, que M. le Ministre de l'Instruction publique et des Beaux Arts fait étudier un projet de débouchement de la rosace ouest, à la suite du vœu émis par M. le chanoine Daranatz dans une séance de la Commission des Armoiries, vœu adopté par cette Commission.

Le 16 juin, M. le Maire fait connaître qu'il adopte la proposition de la Société S. L. A B. de donner les indications nécessaires en vue du choix des modèles de sceaux et d'armoiries à mettre dans cette rosace.

Enfin le 24 juin M. le Maire fait savoir que M. l'architecte en chef des monuments historiques des Basses-Pyrénées accepte d'être documenté par la Société et de convier à ce travail M. le Chanoine Daranatz et M. P. Yturbide.

CORRESPONDANCE. — Monsieur l'abbé Philippe Larrieu, quittant Bayonne pour Orthez, donne sa démission de sociétaire.

Monsieur l'abbé Rouquette remercie la Société de son admission comme membre.

Le programme de la séance étant très chargé, l'étude sur Antoine de Castelnau est renvoyée à une séance ultérieure.

QUESTIONS DIVERSES. — Le président fait connaître que dans la séance du 25 mai dernier de l'Académie des Inscriptions et Belles Lettres, M. Mouret a rendu compte des fouilles d'une nécropole ibérique du Ve siècle avant notre ère, à ENSERUNE, près de Béziers. Il a trouvé des vases Ibériques et Grecs, une curieuse idole en argile rouge.

Cette découverte indique que les Ibères occupèrent une aire plus étendue que celle qu'on leur attribuait généralement, et dont un des points principaux était Illiberri, devenu Helena, puis Elne.

VACANCES. — La Société décide de s'ajourner, comme l'an passé, jusqu'en novembre.

COMMUNICATIONS. — M. Louis Dours lit une notice sur le Vieux Saint-Esprit. Il fait revivre devant son auditoire le terrain de Liposse avec ses chantiers, le vieux cloître de Sainte-Ursule, le panorama du faubourg avec ses anciens clochers, les ponts successifs, de bateaux, sur chevalets, pas commodes à passer, munis seulement de rambardes en bois ou en cordes, la danse de la Pamperruque qu'il décrit d'après un tableau reproduisant les fêtes données en 1781 à Bayonne, à l'occasion de la naissance du dauphin ; il en montre une très bonne photographie où l'on retrouve une quantité de physionomies de Saint-Esprit. Le tableau original, seul document retraçant cette danse bayonnaise, est revenu dans notre ville après de nombreuses péripéties. Il avait servi de modèle pour un décor de l'Opéra de Paris, représentant une Kermesse et était utilisé quand on donnait un gala à l'Opéra. La Pamperruque s'exécutait avec deux conducteurs portant une baguette enrubannée, au son du tambourin et de la flûte. Le dernier joueur de Tambourin ou Tiountoun, a été dessiné à l'aquarelle par Corrèges et M. Dours fait voir cette pièce aimablement prêtée par M. Salane, Il en existe une autre de M. A. Zo,

M. Dours parle ensuite de l'hôpital des pèlerins de Saint-Jacques, de la Commanderie de Saint Jean de Jérusalem, de l'église de Saint-Jean, disparue en 1835, et où les offices se célébraient avant la Révolution avec les chapelains en cuirasse sous le surplis, de la fontaine de la place, de l'abreuvoir circulaire, également disparus.

M. Dours nous décrit enfin le Marquisat, ancienne possession du duc de Saint-Simon, où l'on voit : les vestiges d'une nécropole juive, des pierres tombales, des archives anciennes sur Saint-Esprit, sur une disette, une obligation hypothécaire, consistant en une annuité de 100 francs à verser à la Synagogue de Saint-Esprit.

M. A Frois autorise une délégation de 3 ou 4 membres de la Société à aller examiner les papiers du Marquisat. Elle pourrait aussi voir le Campot de Saint-Simon et la batterie de Moracin, qui fit de si bon travail pendant le siège de Bayonne de 1814.

Le Président remercie chaleureusement M. L. Dours de sa très pittoresque communication, qui fixe des souvenirs locaux si précieux pour tous les amis du Vieux Bayonne. Elle paraîtra dans le *Bulletin.*

Ensuite M. de Marande a parlé de l'entrée à Bayonne des Français le 21 août 1451 et a donné des détails curieux et peu connus sur leurs chefs : Dunois, Gaston de Foix, B. de Lautrec, B. de Béarn et sur le maréchal de Lohéac, le gendre de Barbe-bleue, Gilles de Rars, qui n'a pas été ce que veut la légende.

Enfin, il décrit le passage à Bayonne, en 1714, de l'abbé de Mornay, ambassadeur en Portugal, et donne des détails piquants sur sa vie et sur son entourage.

Le Président remercie M. de Marande de ces brèves mais intéressantes communications sur deux épisodes de l'histoire de Bayonne, qu'il a traités après des recherches dans nos archives locales, en un style élégant et avec une parfaite clarté.

La séance est levée à 18 heures 45.

Le vice-président : Com. DE MARIEN.

Séance du 10 *novembre* 1919.

PRÉSIDENCE DE M. GRIMARD, VICE-PRÉSIDENT.

Etaient présents : MM. le Commandant Goalard, Louis (Pierre), Dours, Lt.-Colonel Duvot, Fourcade, Georges, Salzédo (Aaron), Salane, Capitaine Duhourcau.

Excusés : MM. le Commandant de Marien et Béhotéguy

Election. — M. Rouffet, présenté par MM. Salane et Dours, est élu membre de la Société.

Présentations. — M. le Commandant baron de Corál, château d'Urtubie à Urrugne, et M. Xavier de Cardaillac, avocat, 25, rue d'Espagne sont présentés par M. le Commandant de Marien et Joachim Labrouche. L'élection aura lieu à la prochaine séance.

Correspondance. — M. Marty, juge d'instruction de la Seine à Paris, adresse sa démission de sociétaire, avec tous ses regrets.

Publications reçues. —Bulletin de la Société Bayonnaise d'Etudes Régionales

Notice sur Notre-Dame de Sarrance, par M. le Chanoine Dubarat.

Bulletin de la Société archéologique de Béziers, Volume 43-1916-1918.

Fouilles d'Eusérune, dont il a été parlé à la précédente séance. (Inscriptions Ibériques).

La séance est lévée à 18 heures.

Le vice-président. A. Grimard.

Séance du 1er *Décembre* 1919.

Présidence du Commandant de Marien, Vice-Président.

Etaient en outre présents : MM. le Lieutenant-Colonel Duvot, Joachim Labrouche, l'abbé Lamblin, R. Poydenot, Antonin Personnaz, Rouffet, Fourcade, Salane, Casedevant, Grimard, Lalanne.

Excusés : MM. le Beuf, Dr Voulgre, Capitaine Duhourcau, Pierre Roquebert.

Le procès-verbal de la dernière séance est lu et adopté.

Elections. Sont élus membres de la Société : M. Xavier de Cardaillac, avocat, 25, rue d'Espagne et M. le Commandant baron Paul de Coral, château d'Urtubie à Urrugne, présentés par le Commandant de Marien et M. Joachim Labrouche.

Présentations.— M. Paul Moulonguet, notaire, 5, rue de la Monnaie et M. le docteur Jean Ribeton, 25, rue Victor-Hugo sont présentés par le Commandant de Marien et M. Louis Roquebert.

Publications reçues. — « *Les armoiries traditionnelles de Bayonne* », rapport présenté au Conseil Municipal de Bayonne, le 3 août 1919, par M. Pierre Simonet, conseiller municipal. Ce beau et très détaillé rapport forme avec le travail considérable de M. André Grimard, qui paraîtra ultérieurement dans notre *Bulletin*, une base de documentation solide pour les Bayonnais de l'avenir qui voudront encore étudier cette question.

Annales de la Faculté du Droit d'Aix, n° 3- 1919. *L'Inégalité entre l'homme et la femme dans la législation civile*, par M. René Cassin. L'auteur incrimine, comme causes de cette inégalité, des traditions fort anciennes, l'apôtre saint Paul et le Code Napoléon. Il oublie la sentence de Jehovah, du chapitre III de la Genèse : « Femme tu enfanteras dans la douleur; tu seras sous la puissance de ton mari et il te dominera ».... qui a exercé une action si profonde en Orient.

Annales de la Faculté du Droit d'Aix, n°s 4 et 5. Classification méthodique d'une bibliothèque.

Bulletin de la Société Ramond, Bagnères-de-Bigorre, 1916. *Table générale des matières*, 1866-1915.

Bulletin mensuel de Biarritz-Association, septembre 1919. *Sépulture du général Van der Maesen* (basque) à *Bordeaux. Initiation à la préhistoire par F. Feuillade*, agrégé ès-sciences.

Société de géographie commerciale de Bordeaux, Janvier-Mars 1919. d'Hugues : *Essai d'une nouvelle division régionale de la France* (fin)-

Boletin de la Comision de Monumentos historicos y artisticos de Navarra, numéros 39 et 40.

Bulletin du Comité des travaux historiques et scientifiques. Section de géographie 1918. *Relations sur le Toual en* 1447 *et le bassin du Niger*, par Antonio Malfante. — *Curieuse carte d'Afrique de Charles V. en* 1373.

Bibliographie générale des Travaux historiques et archéologiques, publiés par les *Sociétés savantes de France*. Tome VI— 4e livraison-1918.

Bulletin de l'Union historique et archéologique du Sud-Ouest. Numéros d'Avril 1914 et de Juillet-Octobre 1919.

Nécrologie. — La Société a perdu dernièrement plusieurs de ses membres : M. Ducazau, ancien ingénieur de la Ville de Bayonne, membre de notre Société depuis 1879. Sa grande compétence, sa prudence, sa haute intégrité, étaient justement appréciées dans notre ville. Bayonne a perdu en lui un de ses plus excellents serviteurs et nous un de nos sociétaires les plus éminents.

M. Forsans, maire de Biarritz et sénateur, sociétaire depuis l'année passée, était fils de ses œuvres. Il avait montré toute sa vie une grande activité et jouissait d'une haute influence dans le pays, grâce à à ses brillantes qualités administratives.

M. Delrieu, ancien percepteur de Saint-Jean-de-Luz, où il était très estimé, notre sociétaire depuis 1917, s'est éteint doucement à Lagor.

Votre bureau a transmis aux familles des défunts ses sincères condoléances.

Correspondance. — L'Association régionaliste du Béarn et du Pays Basque à Pau a écrit à notre société pour lui demander d'émettre un vœu analogue au sien : constitution d'une région de l'Adour, avec Pau comme chef-lieu. M. le Capitaine Duhourcau, qui a reçu cette cette lettre au cours des vacances, l'a remise au bureau avec une note demandant d'accéder au désir exprimé par l'Associatien régionaliste de Pau, mais en demandant Bayonne comme chef-lieu de région au lieu de Pau. A la suite d'une discussion à la quelle ont pris part MM. Poydenot, J. Labrouche, Rouffet, Salane, l'abbé Lamblin, il a été décidé que M. Salane fera un rapport sur la question, après avoir examiné l'avis émis par la Chambre de Commerce de Bayonne.

Nota. — M. Salane, après étude des dossiers, a proposé d'ajourner notre vœu à une date ultérieure, lorsque cette question, actuellement assoupie, reviendra sur le tapis. Avis adopté.

M. Maurice Dussarp envoie à la Société pour sa bibliothèque une « Vue de Bayonne du côté du Port » N° 3, tirage sur cuivre, coloriée, à Paris chez M. Chereau, rue Saint-Jacques au-dessus de la Fontaine Saint-Séverin aux deux colonnes, n° 257. Ce dessin est antérieur à la construction de la Citadelle de Vauban ; il montre deux ponts en bois, celui d'amont aboutissant à une chapelle, et un nombre restreint de maisons à Saint-Esprit.

La vue est faite pour être regardée dans une chambre claire. C'est un renseignement intéressant sur le Vieux Bayonne.

Le Vice-Président a remercié M. Maurice Dussarp de son envoi.

M. Raoul Montandon, professeur à Genève, qui publie une « Bibliographie générale des travaux palethnologiques et archéologiques de la France » demande à la Société d'assurer le service de son Bulletin à la Bibliothèque publique et Universitaire de Genève. . Accordé pour l'année 1919.

Questions Diverses. — Visite au Marquisat. Le mercredi 16 juillet, sur l'invitation de M. André Frois, le bureau de la Société, Comt. de Marien, MM. A. Grimard, Capitaine Duhourcau, H. Salane, auxquels s'était joint M. Louis Dours, s'est rendu au Marquisat à Saint-Esprit. M. Frois a fait visiter à la délégation la nécropole israélite du XVIIe siècle, le campot de Saint-Simon, ancien cimetière israélite, la redoute de Moracin, a montré le tableau très remarquablede la pamperruque contenant les noms des danseurs et que Ducéré n'a pas signalé dans son Dictionnaire historique de Bayonne, enfin un certain nombre de pièces d'archives du Marquisat, actuellement non classées et qu'il a offert de laisser consulter ultérieurement par la Société, quand elles auront été mises en ordre. M. A. Grimard a montré un curieux plan de Saint-Esprit, indiquant les terrains expropriés par Vauban pour la construction de la citadelle. La délégation s'est retirée en remerciant M A . Frois de son aimable accueil et de tout ce qu'il lui avait fait voir d'intéressant au Marquisat.

La séance a été levée à 16 heures 40.

Le vice-président : Comt. DE MARIEN.

LISTE DES MEMBRES DE LA SOCIÉTÉ

au 2 février 1920

Présidente d'honneur.

Mme la Générale DERRÉCAGAIX.

Présidents d'honneur

MM.

Léon BONNAT, membre de l'Institut.
S. G. Mgr. GIEURE, Evêque de Bayonne, Lescar et Oloron.
Gabriel CASTAGNET, maire de Bayonne.
Lucien LE BEUF, fondateur de la Société en 1873.
Julien VINSON, Inspecteur des Eaux et Forêts, professeur de langues orientales vivantes à Paris, fondateur de la Société en 1873.

Membres du Bureau.

MM.

De Marien (Commandant de Hoym), *Président.*
A. Grimard, } *vice-présidents.*
Antonin Personnaz, }
Docteur Jean Ribeton. *secrétaire général.*
H. Salane, *Trésorier.*

Membres Titulaires

MM.

1919 Ader (Madame), 1, rue Thiers, Bayonne.
1918 Anatol, Dominique, Inspecteur principal des Douanes en retraite, Anglet St-Jean, Villa Tanit.
1914 Anatol, Michel, Capitaine au long cours, rue des Basques, 40.
1918 Andurain, (Pierre d'), 25, rue Victor-Hugo, Bayonne.
1913 Arcangues, (Nicolas d'), château de Miots, Villefranque.
1914 Arcangues, (Marquis Pierre d'), Château d'Arcangues.
1917 Artéon, Henri, Bijoutier, 11, rue Gambetta.
1913 Badie, Employé de Commerce, 24, rue Victor-Hugo.
1915 Baron, Commandant, Pessans, Quartier Saint-Etienne.
1917 Barthes, Léon, ancien Inspecteur des Ch. de fer du Midi, Allées Paulmy.
1917 Bauby, Léopold, Publiciste, Conservateur du Musée de Pau.
1911 Beguet, Philippe, Directeur du Crédit Lyonnais, Bordeaux.
1918 Béhotéguy, Henry, 50, rue des Basques.

1918 Bergès (Mme Georges), 28, Quai Galuperie.
1917 Bergès, Georges, artiste peintre, 28, Quai Galuperie.
1917 Bergey (l'abbé), curé de Saint-Emilion.
1918 Bjorkegren, Arel, 8, rue Vainsot.
1917 Blaise, Charles, Notaire, Place Pordelanne, Biarritz.
1912 Blazy, (l'abbé), aumônier du Lycée, Bayonne.
1917 Bodiou, Louis, Prote d'imprimerie.
1917 Bois-Viel, (Commandant), Villa Molinié, Allées-Marines.
1916 Bonand, (de), Villa Argizagita, Biarritz.
1893 Bonnat (Léon), Membre de l'Institut, 42, rue Bassano, Paris.
1917 Broussain (Dr), Maire d'Hasparren.
1917 Burdett-Mason (Mme), Château de Larrondouette.
1917 Buret, Commandant, 24, rue Lormand.
1917 Camet, J.-Bte, Entrepreneur, 3, rue Pontriques.
1911 Canguilhem, Capitaine en retraite, 23, rue Vieille-Boucherie.
1919 Cardaillac (Xavier de), Avocat, 25, rue d'Espagne.
1914 Castelnau d'Essenault, (L.-Colonel, Marquis de), Château Bordus, Ste-Marie-de-Gosse.
1917 Castilla, Léon, 30, avenue Victor-Hugo, Biarritz.
1919 Cazalis, Joseph, Architecte, 20, rue des Basques.
1918 Cazalis, Vincent, 3, rue Victor-Hugo.
1918 Cazes, (Raymond de), Les Tourettes, Saint-Etienne.
1917 Celhay (J.-P.), Courtier maritime, 10, rue Vainsot.
1892 Cénoz, François, Négociant, Allées-Marines.
1918 Charpentier, Léon, Bayonne.
1879 Chevillon (Dr), 1, rue Jacques-Laffitte.
1917 Choribit, Joseph, avocat, 4, rue Lormand.
1918 Clérise, Maxime, 25, rue Victor-Hugo.
1911 Colas, Louis, Professeur agrégé au Lycée de Bayonne.
1902 Combes, Arnaud, Agent d'Assurances, 2, rue Vainsot.
1919 Coral (Com. baron Paul de), Château d'Urtubie, à Urrugne.
1918 Courtignon, Georges, Villa Neretzat, Quartier Lachepaillet.
1910 Croizier (Marquis de) à Jouanden, quartier St-Etienne.
1911 Daranatz, Chanoine, Secrétaire particulier de l'Evêché.
1917 Darrieux, Fernand, Industriel, 3, rue du Trinquet.
1917 Darrieux, Henri, Vice-Consul de Russie, 3, rue du Trinquet.
1911 Darrigrand, Jean, Avoué, 1, rue Jacques-Lafitte.
1912 Delay, (Dr), 17, rue Victor-Hugo.
1912 Delmas, André, Avocat, 8, rue Jacques-Laffitte.
1916 Derrecagaix, (Mme la Générale), Villa Lesquerdo, Anglet.
1918 Descande, (Mme A), Chalet Mireille à Biarritz, 9, rue de Frias.
1911 Destandau, Président du Tribunal Civil de Bayonne.
1911 Destremau, Directeur de la Société Générale de Bayonne.
1911 Détroyat, Emile, Agent d'Assurances, 24, rue Thiers.
1913 Diesse, Alexandre, Château de St-Martin, Larressore.
1918 Diharce, Camille, Joaillier, 3, rue Argenterie.
1918 Diolé, (Mme Fernand), Quintaü, Anglet.
1892 Dolhats, Négociant, Quai de Mousserolles.

1893 Dours, Louis, Agent d'Assurances, 3, place du Château-Vieux
1911 Dubarat, Chanoine, Archiprêtre de St-Martin, à Pau.
1917 Dufau de Maluquer, (A. de), ancien magistrat, Villa Fontana à Bizanos.
1912 Duhalde, (Mlle), 8, rue Port-Neuf.
1911 Duhourcau, (Capitaine François), 1, rue Thiers.
1917 Dumont, Georges, Administrateur de la Croix-Rouge, Biarritz,
1894 Dumontel, Banquier, 4, Place de la Liberté.
1917 Dussarp, Maurice, Publiciste, 64, rue du Rocher, Paris.
1911 Dutournier (Dr Adrien), 3, Place du Réduit.
1917 Duverdier, Albert, Courtier Maritime, 7, rue Thiers.
1911 Duverdier, Alfred, Villa Biarnès, Saint-Léon.
1897 Duverdier, Jules, Villa La Bordasse, Saint-Léon.
1917 Duvot, Lieutenant-Colonel, Villa Régis, Saint-Léon.
1912 Elisseiry, Paul, Négociant, rue Guilhamin.
1912 Etchats, Conseiller d'Arrondissement, Beyris.
1917 Etcheber (l'abbé), chanoine, vicaire de St-André, Bayonne,
1918 Etcheverry, Denis, 170, faubourg St-Honoré, Paris.
1918 Fauconnier, Sous-Préfet, Bayonne.
1917 Feuillet, (Comt. R. Octave), Château de la Roque, Ondres.
1911 Foltzer, Imprimeur, 9, rue Jacques-Laffitte.
1917 Forgeot, Auguste-Jules, Commandant, Château Mirambeau, Anglet.
1914 Fort, Ernest, Inspecteur de la Bibliothèque municipale.
1918 Fossat, Léon, Directeur des Douanes, Bayonne.
1917 Fourcade, Joseph, Villa Lauga, Saint-Léon.
1917 Fourgassié, Georges, 25, quai Claude-Bernard, Lyon.
1906 Foy, (Mme E.), Villa Grand'Vigne, Bayonne.
1912 Frois, André, Banquier, 9, rue Thiers.
1885 Gabarra (l'abbé), Curé de Capbreton.
1900 Garat, Joseph, Anglet.
1912 Garay (l'abbé), Curé de Saint-Charles, Biarritz.
1911 Garcia-Mansilla, Château d'Amade.
1917 Garcia de Isla, 10, rue Vainsot.
1918 Garnier, Louis, Proviseur du Lycée, Bayonne.
1917 Garrelon, H., Procureur de la République, à Orthez.
1885 Gentinne, Jules, Boulanger, 23, Arceaux du Port-Neuf.
1914 Georges, (Mme), Lahonce.
1914 Georges, Directeur honoraire de la Banque de France, Lahonce.
1918 Gieure, (S. Gr. Mgr.), Evêque de Bayonne, Lescar et Oloron.
1917 Gillet, (Mme Edouard), 201, rue Lecourbe, Paris.
1902 Goalard, (Commandant), Pilote major de la Barre.
1918 Godin, (Mme), Directrice de l'Ecole Supérieure des Filles, Bayonne.
1917 Godinet, Marie-Carolus, Receveur principal des Douanes. 2, rue Frédéric-Bastiat.
1911 Gombault, Inspecteur principal des Douanes, Cambo.
1917 Gomez, Benjamin, Architecte, 25, Boul. Alsace-Lorraine.

1886 Gommès, Armand, Banquier, 9, rue Thiers.
1917 Grandry (Mme René de), Chateau Gaillat, St-Léon.
1911 Grimard, André, Contrôleur des Douanes, 34, rue des Basques.
1893 Guichenné, Léon, Député, 26, rue Thiers.
1911 Hérelle, Georges, Professeur honoraire de l'Université, 23, rue Vieille-Boucherie.
1917 Herrault, Jules-Auguste, Villa la Feuillée, Beyris.
1917 Heulz (Dr), Villa Lesterlocq, Anglet.
1889 Hiriart, (Pierre de), Château de Saubis, Tarnos.
1917 Jaulerry, Joseph, 5, avenue Victor-Hugo, Biarritz.
1917 Jaulerry (Mlle), Biarritz.
1917 Jaurgaín, (Jean de), Villa Derrey, Ciboure.
1917 Jérôme, Henri, libraire, 2, Place du Réduit.
1912 Juncar, Maurice, Tapissier, 41, rue Port-Neuf.
1917 Krajewski, Marceli, artiste peintre, 14, rue Thiers.
1917 Labastie, Henri, Négociant, 2, Place du Réduit.
1919 Labastie, Henri, fils, négociant, 2, Place du Réduit.
1916 Laborde-Noguez, (Gaston de), Château de Haïtce, Ustaritz.
1917 Labrouche, Joachim, avocat, 3, Place du Réduit.
1917 Labrouche (Mme Maurice), Château de Castillon, Tarnos.
1917 Labrouche, Maurice, do do
1902 Lacombe, Alfred, 7, rue de la Monnaie.
1911 Lafont, Pierre, 4, place de la Liberté.
1918 Laffontan, Georges, villa le Prissé, Saint-Pierre d'Irube.
1918 Lagelouze (Mme E.), villa Saint-Forcet, Marracq.
1913 Lagrolet, Charles, Ingénieur, 3, Allées Boufflers.
1917 Lagrolet, Eugène, Négociant, 3, Allées Boufflers.
1919 Lalanne, Paul, maison Perret, Lachepaillet.
1912 Lamblin, (l'abbé), aumônier des Forges de l'Adour, le Boucau.
1914 Landoussy, (l'abbé), Professeur à l'Institution Saint-Louis de Gonzague.
1918 Larre, (l'abbé Gaston), Curé de Sainte-Eugénie, Biarritz.
1918 Larretche, Martin, Ingénieur, 3, rue Victor-Hugo.
1892 Larribière, Nicolas, Négociant, 23, rue Bourg-Neuf.
1915 Larrieu, Amédée, Rédacteur en chef du Courrier de Bayonne.
1911 Larrieu, Jean, Entrepreneur, 22, rue Pannecau.
1917 Lasserre, Albert, Négociant, 5, Allées Boufflers.
1913 Lasserre, Chanoine, Secrétaire Général de l'Evêché.
1912 Lasserre, (Dr, Georges), 3, Place du Réduit.
1913 Lastrade, Henri, Entrepreneur de peinture, 17, rue de Luc.
1902 Laxague, Isidore, avocat, 30, rue de la Salie.
1911 Laxague, Jean, Avocat, Villa Pia.
1918 Le Barillier, Albert, sénateur, Maire d'Anglet.
1918 Lebas (Mme Arthur), 11, rue Bourg-Neuf.
1873 Le Beuf, Lucien, 4, Place de la Liberté.
1912 Lefèvre-Paul, avocat, Villa Saint-Pé, Bayonne.
1915 Léon-Dufour, Eugène, à Saint-Sever et Castel-Lima, Anglet.

1915 LE ROY, Pierre, Directeur de l'Agence Worms, 11, rue Jacques-Laffitte.
1918 LESCA, Jacques-Hippolyte, 84, Boulev. de Courcelles, Paris.
1918 LESCA, Charles, 84, Boulev. de Courcelles, Paris.
1903 LÉVY, Edmond-M., Bibliothécaire de la Sorbonne, 5, rue de la Santé, Paris.
1913 LICHTENBERGER, André, 201, Boulev. Pereire, Paris.
1878 LOUIS, Pierre, Architecte, rue Peryroloubil, Biarritz.
1917 MAGNIN, Charles, Directeur des Forges de l'Adour, le Boucau.
1918 MAISONNAVE, Directeur honoraire des Douanes, 33, rue Victor-Hugo.
1918 MANINGUE, (Mme), 8, Allées Boufflers.
1912 MARIEN, (Commandant de Hoym de), 11, rue Jacques-Laffitte.
1917 MENDY, Pierre, 1, rue Thiers.
1918 MESNIL (Henri du), Receveur principal des Douanes, 6, rue Vainsot.
1918 MOLINIÉ-LÉGLISE, (Mme), 91, rue de Lauriston, Paris, 16e.
1910 MONCOQ, (Lieutenant-Colonel), Saint-Pierre d'Irube.
1919 MOULONGUET, Paul, notaire, 5, rue de la Monnaie.
1912 MOYNAC, (Dr), 42, rue des Basques.
1913 NOGARET, Inspecteur des Ch. de fer du Midi, 2, Allées Boufflers
1912 ORILLARD, Paul, Architecte, 9, rue de la Monnaie.
1918 OYARZUN, Carlito, au Petit Paradis, Saint-Léon.
1918 PAGES-LEBAS, (Mme), 11, rue Bourg-Neuf.
1913 PERSONNAZ, André, Avoué, 3, Place du Réduit.
1913 PERSONNAZ (Mme Antonin), 22, rue Lormand.
1919 PERSONNAZ, Antonin, d° d°
1919 PERSONNAZ, Maurice, 3, Place du Réduit.
1918 PETIT, Carlos, notaire à Saint-Jean-de-Luz.
1918 PETIT-DUCOUREAU (Mme), Saint-Jean-de-Luz.
1920 PIGNERET, Directeur du Crédit Lyonnais, Bayonne.
1917 PORTALIS (Commandant Baron), Avenue Serrano, Biarritz.
1912 POYDENOT, Raymond, Président du Tribunal de Commerce, Bayonne.
1917 PUYAU, Ferdinand, Président de la Croix-Rouge, Dax.
1918 RESSÉGUIER (Lieut. Colonel A. de), villa du Buisson, Route de Barèges, Pau.
1913 ROCH, (Commandant), villa Boudigau, Saint-Léon.
1912 ROHMER, Régis, Archiviste de la Lozère, Mende.
1919 ROQUEBERT Louis, 5, rue de la Monnaie.
1918 ROQUEBERT, (Mlle Louise), 2, rue Port-de-Castets.
1911 ROQUEBERT, (Pierre), 2, rue Port-de-Castets.
1917 ROSNY, J. H. jeune, de l'Académie Goncourt, Soorts-Hosegor (Landes).
1917 ROTH, Gaston, 2, rue Jacques-Laffitte.
1919 ROUFFET, rue Vainsot, 12.
1919 ROUQUETTE (abbé), chapelain, la Chambre d'Amour, Anglet-Plage.

1912 ROUSTAN (Colonel), Villa Meryem, Ciboure.
1917 SABARROS, G., Consul du Pérou, 10, rue Thiers.
1912 SAINT-LOUVENT (Formey de), Directeur honoraire de la Banque de France, 3, Allées Boufflers.
1912 SAINT-PÉ, Louis, Négociant, 2, Place des Victoires.
1892 SALANE, Henry, relieur, 21, rue de Luc.
1894 SALZEDO, Aaron, Consul, rue Bergeret.
1917 SARRADE, Joseph, 1, rue Thiers.
1894 SENS, Louis, 8, rue Jacques-Laffitte.
918 SERVAL, César, Chalet Margot, Saint-Léon.
1919 SYLLYÉ, Victor, Inspecteur de la Séquanaise, Maison Fort, Mousserolles.
1892 SODES, E., Graveur, 11, rue Port-de-Castets.
1913 SOULANGE-BODIN, Ministre plénipotentiaire, « Le Bosquet », Arcangues.
1911 TESSIER, (Dr), Villa Ketty, rue Gambetta, Biarritz.
1917 THOMASSET, G., Caissier de la Caisse d'Epargne, 5, rue de la Monnaie.
1912 VÉQUY (de), Entrepreneur de peinture, 3, rue de l'Ecole.
1918 VERGÈS (de), Villa Vergès, Biarritz.
1873 VINSON, Julien, Professeur de l'Ecole nationale de Langues orientales vivantes, 86, rue de l'Université, Paris.
1917 VOULGRE, (Dr), Villa Toki-Ona, Saint-Léon.
1895 WEILLER, Avoué, 28, rue Lormand.
1917 YBARNÉGARAY, Jean, député, 1, avenue Victor-Hugo, Paris 16e

Abonnés.

Cercle Militaire de Bayonne.
Chambre de Commerce de Bayonne (2 ab.).
Librairie Nilsson (Ancienne) à Paris 2 ab.).
Hispanic Society Building, New-York, 156th. Street, West of Broadway.
Anglo-French Society, Scala House, Charlotte Street.— W. I, London.
Alfred Hafner, libraire, 16, rue Condé, Paris.

Société des Sciences, Lettres & Arts de Bayonne

BVLLETIN TRIMESTRIEL

NVMÉROS 1 & 2

:: ANNÉE M.CM.XIX ::

5725
1920

BAYONNE

IMPRIMERIE A. FOLTZER

9, RVE JACQVES-LAFFITTE

M.CM.XIX

SOMMAIRE

A paraître dans les prochains numéros :

Le Labourd a la fin du xviiie siècle par M. Maurice Dussarp (suite). — Les Baillis de Labourd. — Les Baronnies de Labourd, par M. Jean de Jaurgain, Membre correspondant de l'Académie d'Histoire de Madrid. — Les véritables Armoiries de Bayonne, par M. André Grimard.

Les articles publiés dans le **Bulletin** restent l'œuvre exclusive et personnelle de leurs signataires.

La **Société** ne contracte aucune solidarité pour les idées ou les opinions qu'ils soutiennent.

Collection du Bulletin

Les **Bulletins** antérieurs à 1890 ont péri dans l'incendie de l'Hôtel de Ville ;

Les **Bulletins** des années suivantes peuvent être achetés aux prix suivants :

1° de 1890 à 1900 le fascicule.......... **2.75**
2° depuis 1901.......... **2**

SOCIÉTÉ DES SCIENCES, LETTRES & ARTS DE BAYONNE

BVLLETIN TRIMESTRIEL

NVMÉROS 3 & 4

:: ANNÉE M.CM.XIX :

BAYONNE

IMPRIMERIE A. FOLTZER

9, RVE JACQVES-LAFFITTE

M.CM.XIX

SOMMAIRE

A paraître dans les prochains numéros :

LES BAILLIS DE LABOURD. — LES BARONNIES DE LABOURD, par M. Jean de Jaurgain, membre correspondant de l'Académie d'Histoire de Madrid. — LES ARMOIRIES DE BAYONNE, par M. André Grimard. — LE PAYS DE LABOURD A LA FIN DU XVIIIe SIÈCLE (suite), par M Maurice Dussarp. — LIVRE D'OR BAYONNAIS (suite).

Les articles publiés dans le BULLETIN restent l'œuvre exclusive et personnelle de leurs signataires.

La SOCIÉTÉ ne contracte aucune solidarité pour les idées ou les opinions qu'ils soutiennent.

Collection du Bulletin

Prix du fascicule : de		1890	à	1900..............	2.75
»	»	1901	à	1918............	2.00
»	»	1919		1 et 2...........	3.50
»	»	—		3 et 4..........	4.50

Convocations aux Séances

Dorénavant il ne sera plus envoyé de convocations individuelles pour les séances. Les séances sont fixées au premier Lundi du mois, à 16 heures 45, dans la salle des adjudications de la Mairie de Bayonne (*sauf le 5 avril prochain, lundi de Pâques ; séance reportée au lundi 12 avril*). De plus elles seront annoncées, avec l'ordre du jour dans le *Courrier de Bayonne* du samedi précédant la séance.

www.ingramcontent.com/pod-product-compliance
Lightning Source LLC
LaVergne TN
LVHW080957230826
846092LV00006B/1059

* 9 7 8 2 3 2 9 6 7 8 2 6 9 *